U0644527

作物
常见细菌病害
诊断与防治

夏声广 / 主编

中国农业出版社
北 京

图书在版编目（CIP）数据

作物常见细菌病害诊断与防治 / 夏声广主编. --
北京：中国农业出版社，2024.10 (2025.8重印). -- ISBN
978-7-109-32596-8

Ⅰ.S435

中国国家版本馆CIP数据核字第20248ZH653号

中国农业出版社出版

地址：北京市朝阳区麦子店街18号楼

邮编：100125

责任编辑：阎莎莎

版式设计：杨　婧　　责任校对：吴丽婷　　责任印制：王　宏

印刷：北京中科印刷有限公司

版次：2024年10月第1版

印次：2025年8月北京第2次印刷

发行：新华书店北京发行所

开本：880mm×1230mm　1/32

印张：3.5

字数：98千字

定价：39.00元

版权所有·侵权必究

凡购买本社图书，如有印装质量问题，我社负责调换。

服务电话：010 - 59195115　010 - 59194918

编者名单 >>

主　编　夏声广

副主编　郑能文　李月红

编　者（**按姓氏笔画排序**）

　　　　王　敏　王培楷　李月红　张文胜

　　　　郑能文　夏声广　熊兴平

前言
Foreword

　　随着我国种植业结构调整和农业不断发展，作物种类趋多，耕作制度、栽培模式改变，农业生态也随之发生了较大变化，作物病虫种类不断增加，一些次要病虫上升为主要病虫，导致重大害虫再猖獗和病害大流行。作物细菌病害是由于细菌侵染引起的一类侵染性病害，近几年细菌病害发生非常普遍，种类也不断增加，其危害所造成损失较大，有些甚至是毁灭性的，如西瓜细菌性果斑病、十字花科蔬菜软腐病等。作物细菌病害诊断难，一旦发生，防治较为困难，且防治农药品种少，而且以铜制剂为主。桃、李、杏、白菜、莴苣、大豆、菜豆等对铜离子敏感，容易产生药害，尤其是无机铜类杀菌剂，在花期和幼果期应禁止使用或限制使用。同时，大多数无机铜制剂为碱性，不能与大多数农药混配，还可能诱发螨类的增殖。果树为多年生作物，蔬菜连作比较普遍，病原细菌在土壤中存活时间越长、积累数量越大，对作物生产构成的威胁也越大。台风、暴雨等不良条件，不仅易使作物表面产生大量伤口，有利于细菌的侵染及削弱寄主作物的抗病性，还促进病害的传播，创造了有利于病害发展的环境，导致细菌病害流行。作物细菌病害诊断与防治是农业生产中的难题，也是农民急需解决的问题。本书从作物常见细菌病害入手，介绍其田间分布、症状、诊断、主要杀细菌剂及综合防治技术，深入浅出，循序渐进。全书共提供40余

1

种常见的细菌病害诊断与防治技术，270多幅高质量原色生态图谱，特征明显，逼真地再现了细菌病害不同时期、不同部位的症状，重要作物病害还配有病害诊断与防治技术讲解视频，文字简洁，通俗易懂，易学、易记。适合基层农技推广部门、农药厂商、农资供销商和种植大户等使用，也可供高等农业院校学生阅读参考。有助于种植户科学使用农药，确保农作物质量安全，为农业丰产和农民增收保驾护航。

　　本书在编写过程中，承蒙富有实践经验的同行给予支持与帮助，并提供部分照片，在此表示衷心感谢！受作者调查和实践经验及专业技术水平限制，书中遗漏之处在所难免，恳请有关专家、同行、读者不吝指正。

夏声广

2024年6月

E-mail：ykxsg@163.com

微信视频号：声广植保

目录
Contents

前言

1

一、粮油作物重要细菌病害

>> 水稻白叶枯病 <<

白叶枯病是水稻重要病害之一，主要为害叶片，发病轻时减产5%～10%，重时可减产20%～30%，病害大流行时往往造成绝收。

症状与识别：症状主要有叶缘型、中脉型、急性型、凋萎型。

叶缘型：成株期的典型症状。大多从叶尖或叶缘开始，最初形成黄绿色或暗绿色斑点，随即扩展为短条斑，然后沿叶缘两侧或中肋向上下延伸，并加宽加大形成波状或长条状斑，可达叶片基部和整个叶片，病健部分界明显。空气湿度高时，特别在雨后、傍晚或清晨有露水时，病叶上有蜜黄色的珠状菌脓溢出，干燥后变硬，呈球状。

中脉型：初在叶片上出现淡黄色病斑，后沿中脉向上、下蔓延，可上达叶尖，下至叶鞘，并向全株扩展，成为中心病株。

急性型：主要在多肥栽培、感病品种或温、湿度适宜(如连续阴雨、高温闷热)的情况下发生，病叶产生暗绿色病斑，扩展使叶变灰绿色，迅速失水，向内卷曲青枯，病部也有珠状溢脓。

凋萎型：一般不常见。病苗移栽后30天左右，叶片枯萎，并向其他分蘖扩展，病叶迅速失水、青枯，病势继续扩展，可使主茎及分蘖的茎、叶相继凋萎，常引起缺蔸或死丛现象。剥开刚青卷的枯心叶，常发现叶面有黄色珠状菌脓，折断病株茎基部，也可检查到黄色菌脓，但并无异味，因此可与螟害相区别。

防治方法：要采用以抗病良种为基础，杜绝病菌来源为前提，秧苗防治为关键，肥水管理为重点，初发病期施药防治为辅助的综合措施。

水稻白叶枯病叶缘型症状

水稻白叶枯病叶缘型症状

水稻白叶枯病边缘型症状

水稻白叶枯病中脉型症状

水稻白叶枯病急性型症状

水稻白叶枯病凋萎型叶片青枯

水稻白叶枯病凋萎型心叶枯死

水稻白叶枯病凋萎型叶片枯黄

水稻白叶枯病叶片枯黄

水稻白叶枯病大田前期症状

水稻白叶枯病大田后期症状

水稻白叶枯病严重时叶片枯死

水稻白叶枯病大田后期叶片枯黄

水稻白叶枯病大田严重发病状

水稻白叶枯病叶片严重症状

水稻白叶枯病发病中心

水稻白叶枯病叶缘型早期菌脓

水稻白叶枯病后期干枯的菌脓

水稻白叶枯病边缘型菌脓

水稻白叶枯病挤压病茎出现的菌脓

①加强植物检疫，禁止随意调运种子，不要从病区引种。引种时要严格进行种子检验。②选用抗病品种是防治白叶枯病最经济有效的途径，可根据当地适种品种抗性情况进行种植。③做好种子处理。可用20%噻菌铜悬浮剂300倍液浸种处理。④秧田用药。在秧苗3叶期及拔秧前3～5天用药。⑤实行排灌分开，防止淹水，切勿串灌、漫灌。⑥在水稻分蘖始盛期要加强田间检查，尤其是隐蔽的下部叶片，及时发现病叶。⑦台风或强对流天气过后要做好预防工作。台风、暴雨会造成大量伤口，有利于病菌的侵染与传播，更易引起病害暴发流行。⑧药剂防治。防治水稻白叶枯病的关键是早发现、早防治，封锁或铲除发病株和发病中心。发病株和发病中心，大风暴雨后的发病田及邻近稻田，受淹和生长嫩绿的稻田是防治的重点。未发病的感病品种在分蘖始盛期、孕穗期要做好预防。一旦发现白叶枯病要立即施药防治，封锁发病中心。发现一点，治一块，防一片，尤其要做好发病周围田块的预防。上年重发区和老病区以及已经发病田，在台风、暴雨前，及过后要立即全面施药，预防病害蔓延暴发。每亩可选用20%噻菌铜悬浮剂（龙克均、嘉田）100～120克，或20%春雷霉素·噻菌铜悬浮剂（龙速达、施必盈）75～90克，或20%噻森铜悬浮剂120～130克。一般间隔5～7天左右再施药一次，具体施药间隔期、施用量及连续施用次数视发病情况、天气而定。⑨注意事项。对于出现发病中心的病田，施药应从未发病的区域向发病中心包围。对整个畈块，应先防未发病的，再治发病轻的，最后才是发病重的，防止交叉传染。注意减少发病田的人员活动。重病田适当提高用药量和缩短药剂使用间隔期；不要从疑似有病田的水源地取水兑药；田间施药时做到均匀，防止漏喷。使用无人机要调整合适高度，并适当增加亩用水量。台风或强对流天气后要进行补治。

>> 水稻细菌性条斑病 <<

水稻细菌性条斑病简称细条病，是国内植物检疫对象之一。水稻发病后，一般秕粒增多，严重则影响抽穗灌浆，造成重大损失，一般

＊ 亩为非法定计量单位，15亩＝1公顷。——编者注

减产15%～25%，严重时可达40%～60%。

症状与识别：主要为害叶片。病斑初为暗绿色、水渍状、半透明小点，后迅速在叶脉间扩展成暗绿色、水渍状短条斑，后逐渐发展成黄褐色纵条斑，发病严重时，条斑融合成不规则的黄褐色至枯白色大斑块，对光观察可见许多透明的细条。严重时全叶枯黄，甚至呈红褐色。空气湿度高时，病斑表面常分泌出许多露珠状的蜜黄色菌脓，干结后呈黄色树胶状小粒。水稻细菌性条斑病与水稻白叶枯病症状不同，白叶枯病主要症状为波状或长条状斑，病健部分界明显，严重时叶片枯白；细条病病斑为细条状、水渍状，严重时全叶枯黄；细条病的条斑半透明，而白叶枯病病斑不透明；白叶枯病的菌脓大而少，细条病的菌脓小而多。

防治方法：参考水稻白叶枯病。

水稻细菌性条斑病不同时期细条形病斑

水稻细菌性条斑病前期病斑及菌脓

水稻细菌性条斑病严重发病状

水稻细菌性条斑病大田发病状

水稻细菌性条斑病
病斑对光半透明

水稻细菌性条斑病田间发病中心

水稻细菌性条斑病中后期条斑

水稻细菌性条斑病严重为害可致叶片
枯黄

水稻细菌性条斑病后期病斑融合成褐色斑块　水稻细菌性条斑病叶片上的条斑及菌脓　水稻细菌性条斑病干涸后的菌脓

>> 水稻细菌性基腐病 <<

症状与识别：一般在分蘖至灌浆期发生，分蘖期可出现零星病株，先心叶青卷、枯黄，叶片自上而下发黄，直至全株枯死，似螟害造成的枯心苗，水稻根节部和茎基部变褐，并逐渐发黑腐烂，易拔起，有恶臭。圆秆拔节期发病的主要症状为"剥皮死"，水稻叶片自下而上逐渐发黄，叶鞘近水面处有边缘褐色、中间青灰色的长条形病斑，根节变色有短而少的倒生根，伴有恶臭味。穗期发病的主要症状为"青枯"，病株先失水青枯，形成枯孕穗、白穗或半白穗，发病植株基部根节变色，并有短而少的倒生根，病株易齐泥拔断，洗净后用手挤压可见乳白色混浊菌脓溢出，有恶臭味。病株在田间零星分布，病健株交错现象明显。

防治方法：水稻细菌性基腐病具有突发性和暴发性特点，一旦大面积发生，单靠化学药剂难以达到理想的防治效果。因此，应采取"降低侵染来源为前提，选用抗病品种为基础，加强栽培管理为重点，适时药剂防治为辅助"的综合防治策略。

①水稻收获时应做到低桩割稻，发病区最好是稻草打包离田，统一处理。②科学管水。水稻移栽后，实行浅水灌溉，分蘖末期适时适

度晒田，对地势低洼、烂泥田重晒，后期湿润管理，避免长期深灌或过早断水，在发病地区或发病田块进行单灌或沟灌，防止串灌、漫灌。③药剂防治。秧田期移栽前打一次保护药，移栽后重点是分蘖期用药，拔节至孕穗期根据田间病情决定用药。发现病株及早用药，药剂每亩可选用20%噻菌铜悬浮剂（龙克均、嘉田）100～125克，或20%春雷霉素·噻菌铜悬浮剂（龙速达、施必盈）75～90克。施药时应以水稻基部为重点喷施部位，第一次用药后，间隔5～7天施第二次药。

水稻细菌性基腐病大田发病状

水稻细菌性基腐病大田分蘖期枯心状

水稻细菌性基腐病造成青卷、枯黄

水稻细菌性基腐病拔节期"剥皮死"

水稻细菌性基腐病导致高节位分蘖及根节变色和短而少的倒生根

水稻细菌性基腐病病株基部腐烂，根系变褐

水稻细菌性基腐病病株基部节间变黑腐烂

水稻细菌性基腐病后期枯死茎秆

水稻细菌性基腐病病株基部腐烂

水稻细菌性基腐病病株根茎部和根部变黑

>> 水稻细菌性褐条病 <<

症状与识别：主要发生在秧苗期和分蘖期。初时病斑多发生在秧苗心叶，在叶片和叶鞘上初为褐色水渍状小斑点，后逐渐扩大成水渍状的长条斑，沿中脉向上下发展，病斑黄褐色至黑褐色。严重时，在秧田中可见"一滩滩"枯死。成株期染病，病斑多从叶片与叶鞘交界处发生，初呈水渍状黄白色，后沿中脉扩展上达叶尖，下至叶鞘基部形成黄褐至深褐色的长条斑，严重时病部腐烂，有臭味，叶片枯死。叶鞘染病呈不规则斑块，后变黄褐色，最后全部腐烂。心叶发病，不能抽出，死于心苞内，拔出有腐臭味，用手挤压有乳白至淡黄色菌液溢出。孕穗期染病穗苞受害，穗早枯，或穗颈伸长，小穗梗淡褐色，弯曲畸形，谷粒变褐不实。

防治方法：①种子带菌是该病害的初侵染源，做好种子浸种消毒，可有效减轻褐条病的发生。药剂可选用20%噻菌铜悬浮剂（龙克均、嘉田）或20%噻唑锌悬浮剂250～300倍液。②加强水肥管理。秧田期防止串灌、漫灌和淹苗，风雨过后，遭受淹水的秧田或本田应立即排水、撒施草木灰，促使新根生长，控制病害扩展，然后适当追施氮肥，促进稻株恢复生长、增生新分蘖。大田适时适度露晒田，可抑制病原菌繁殖，促进根系发育，增加有效分蘖，提升水稻植株抗性。

水稻细菌性褐条病苗期叶鞘基部及叶片上形成黄褐至深褐色的长条斑

水稻细菌性褐条病秧苗枯死

③秧苗带药下田。秧苗3叶期和移栽前5～7天各防治1次。药剂同下。
④发病初期及时用药防治。每亩可选用20%噻菌铜悬浮剂（龙克均、嘉田）125～150毫升，或20%噻森铜悬浮剂100～125毫升，或20%噻唑锌悬浮剂100～125毫升，兑水喷雾。

水稻细菌性褐条病秧苗期心腐型症状

水稻细菌性褐条病中脉及叶鞘枯黄

水稻细菌性褐条病心叶枯死

水稻细菌性褐条病造成叶片枯黄

水稻细菌性褐条病致使根系变褐

>> 水稻细菌性穗枯病 <<

水稻细菌性穗枯病又名水稻细菌性谷枯病，是一种严重的种传病害。它不仅在水稻抽穗期为害导致谷粒腐坏，还在苗期为害，引起水稻秧苗腐烂。

症状与识别：一般发生在水稻齐穗后乳熟期，染病谷粒初现苍白色似缺水状凋萎，渐变为灰白色至浅黄褐色，内外颖的先端或基部变成紫褐色，护颖、小穗也呈淡褐至紫褐色。受害严重的稻穗呈直立状而不弯曲，多不饱满或呈空瘪谷，谷粒一部分或全部变为灰白色或黄褐色至浓褐色，单粒病部与健部界线明显，典型病粒的交界处有深褐色条带（剥去颖壳褐色条带更明显），小枝梗仍保持绿色。

水稻细菌性穗枯病谷粒苍白色至浅黄褐色

水稻细菌性穗枯病单粒谷的病健部界线明显

水稻细菌性穗枯病病穗

水稻细菌性穗枯病受害小枝梗仍保留绿色

水稻细菌性穗枯病受害严重的稻穗呈直立状而不弯曲，谷粒一部分或全部变为黄褐色至浓褐色

水稻细菌性穗枯病病谷粒（上）与正常谷粒（下）比较

防治方法： ①加强检疫，防止病区扩大。②药剂浸种消毒是关键。次氯酸钙浸泡处理种子，防治效果可达48%～59%。③发病初期或在水稻5%抽穗时及时用药防治，一般年份可在后期结合穗腐病、稻曲病进行防治，药剂可选用20%噻菌铜悬浮剂（龙克均、嘉田）100～120毫升，或20%噻唑锌悬浮剂100～125毫升。其他防治方法可参考水稻白叶枯病。

>> 小麦细菌性叶枯病 <<

小麦细菌性叶枯病主要为害小麦叶片，是近两年我国小麦产区新发生的一种病害。

症状与识别： 小麦细菌性叶枯病一般发生在小麦旗叶及旗叶下第一、二片叶上，叶片发病，出现淡黄色或淡黄褐色的小点，后出现纺锤形或条形病斑，随着病情发展，多个病斑相互融合，沿主脉形成带状枯斑，病斑附近的叶片变黄，连接成片，也有的从叶尖开始干枯，最终表现为黄叶干枯。湿度高、有露水或雨后发病部位可以看到溢脓。

防治方法： ①发病较重的地块实行2～3年轮作。②深翻灭茬，将田间的病残株清理干净，集中销毁。③药剂防治。发病初期及时用药，每亩可选用20%噻菌铜悬浮剂（龙克均、嘉田）500～700倍液，或20%春雷霉素·噻菌铜悬浮剂（龙速达、施必盈）800～1 000倍液。此外，可加48%氰烯·戊唑醇或40%丙硫菌唑·戊唑醇悬浮剂等兼治赤霉病。

小麦细菌性叶枯病叶片上的黄褐色病斑

小麦细菌性叶枯病叶片上出现
淡黄色或淡黄褐色小斑点

小麦细菌性叶枯病中期病斑

小麦细菌性叶枯病后期病斑

小麦细菌性叶枯病造成叶片枯黄

小麦细菌性叶枯病叶尖枯黄

小麦细菌性叶枯病条形病斑

小麦细菌性叶枯病叶尖黄褐色

小麦细菌性叶枯病叶尖干枯

>> 玉米细菌性茎基腐病 <<

玉米细菌性茎基腐病又称玉米青枯病或茎腐病，近年来已由偶发性病害上升为玉米生产的重要病害，并且有逐年加重的趋势。该病一旦发生即发展迅速，为害重，轻者减产10%～30%，重者达50%以上。

症状与识别：多发生在玉米生育中期，主要为害中部茎秆和叶鞘。

玉米10多片叶时，病株近地面2～3节处茎基部叶鞘和茎秆上发生水渍状圆形、椭圆形或不规则形病斑，边缘红褐色，叶鞘下茎秆腐烂下陷，病组织软化、水渍状、呈深褐色，有酸臭味，腐烂茎向上或向下蔓延，一般可深入内部扩展。在高温、高湿条件下，病斑可向上下发展，严重时常在发病后3～4天植株病部以上倒折，溢出黄褐色腐臭菌液。干燥条件下病部扩展缓慢，但病部遇风也易折断，不能抽穗或结实。病株叶片自上而下呈水渍状，很快叶片呈青枯状萎蔫，然后逐渐变黄；果穗下垂，穗柄柔韧，不易掰下；籽粒干瘪，无光泽，千粒重下降。

防治方法：①种植抗病品种是一项最经济有效的防治措施。②实行轮作，尽可能避免连作。重病地块与大豆、甘薯、花生等作物轮作，减少重茬。③收获后及时清洁田园，将病残株妥善处理，减少菌源。④加强田间管理。采用高畦栽培，严禁大水漫灌，雨后及时排水，防止湿气滞留，及时中耕及摘除下部叶片，使土壤湿度低，通风透光好。合理密植，不宜过密，以免造成植株郁闭。前期增施磷、钾肥，以提高植株抗性。⑤及时治虫防病。苗期开始注意防治玉米螟、棉铃虫、地下害虫，减少虫伤。⑥田间发现病株及时拔除，带出田外沤肥或集中销毁。在玉米拔节后雨季前用46.1%氢氧化铜水分散粒剂1 500倍液，或20%噻菌铜悬浮剂（龙克均、嘉田）500～600倍液，或20%噻唑锌悬浮剂500倍液预防。发病初期及时喷洒20%噻菌铜悬浮剂、20%噻唑锌悬浮剂400～500倍液，或每株用药液500毫升灌根。

玉米细菌性茎基腐病大田发病前期

玉米细菌性茎基腐病茎秆症状

玉米细菌性茎基腐病病株枯萎

玉米细菌性茎基腐病大田严重发病状

玉米细菌性茎基腐病发病部位变褐腐烂，有酸臭味

玉米细菌性茎基腐病病健茎横切面对比

玉米细菌性茎基腐病病健茎纵切面对比

>> 甘薯茎腐病 <<

甘薯茎腐病病原菌属于我国进境检疫性有害生物，能引起多种农作物和观赏性园艺植物腐烂病，寄主包括甘薯、马铃薯、番茄、甘蓝、茄子、矮牵牛花、牵牛花等50多种植物。甘薯茎腐病是当前甘薯生产上为害最重的病害，发病田块病株率普遍在10%～20%之间，发病严重的田块病株率高达90%。

症状与识别：发病初期，病株生长较为缓慢，叶片萎蔫，叶柄、茎部出现暗褐色软腐，在与土壤接触的茎基部有褐色的腐烂病斑，或者茎基部腐烂，扒开土壤可见地下的茎已腐烂，根茎维管束黑褐色。发病中后期，因在病斑部位上端的藤蔓生有不定根，能深入土壤吸取营养而使植株"假健康"，因此症状不明显。在高温高湿的条件下，茎部腐烂迅速向上扩展，呈黑色，茎、叶组织开始变软、腐烂，整个植株倒伏，最后全株枯萎死亡。薯块在田间受到侵染时，病薯表面一般形成以芽眼为中心的圆形、稍凹陷、黑褐色病斑，以后逐渐扩大引起整块薯软化腐烂且有臭味。

防治方法：①加强种薯、薯苗的产地检疫，严禁病田种薯留作种用。强化调运检疫，防止通过种薯、薯苗进行传播扩散。②对新发病的零星疫点，就地集中清理并销毁发病植株，并用生石灰对发病点土壤进行消毒处理。老病区要选用无病种苗或脱毒苗。③选用地势高、排灌方便、地下水位低、通透性好的地块种植。少施氮肥，适当增施磷、钾肥，补施微量元素，提高植株抗病能力。采取高畦栽培方式，做好排水，防止田间积水。④合理轮作倒茬。与玉米、大豆、水稻等进行轮作，也可使用石灰氮或生石灰等进行土壤消毒处理。⑤田间做好害虫防治，甘薯生长期间发现病株及时拔除带出田外，收获后清理田间病残体并集中销毁。⑥药剂浸种。播种和扦插前用20%噻菌铜悬浮剂（龙克均、嘉田）500倍液浸泡种薯（但时间不易超3小时）和薯苗杀菌。⑦药剂防治。扦插活棵后，或在发病初期用20%噻菌铜悬浮剂（龙克均、嘉田）或20%春雷霉素·噻菌铜悬浮剂（龙速达、

甘薯茎腐病病苗失水萎蔫

甘薯茎腐病为害严重造成茎蔓枯死

甘薯茎腐病病茎基及地下茎变黑、脱皮，仅存纤维

甘薯茎腐病病藤蒂头附近组织呈现明显的黑褐色腐烂

甘薯茎腐病茎蔓症状

甘薯茎腐病茎蔓维管束变黑褐色

施必盈）75 ～ 90 克，喷淋 2 ～ 3 次，每次喷药间隔 7 天左右，也可泼浇或喷雾。田间发病流行期，每隔 5 ～ 7 天用药一次，连续喷药 2 ～ 3 次，台风、暴雨过后需及时补治，发病周边的甘薯地应喷药 1 ～ 2 次，严防疫情扩散。

>> 花生青枯病 <<

　　花生青枯病是一种细菌性维管束病害，也是一种典型的土传病害，主要为害花生根部。一般发病率 10% ～ 20%，严重的达 50% 以上，甚至绝产失收。花生感病后常全株死亡，造成损失严重。近年来，花生青枯病有发展的趋势。

　　症状与识别：花生从幼苗期至荚果充实期均可发病，但以花期发病重。花生青枯病主要为害根部，病株拔起可见主根变褐色湿腐，根瘤墨绿色。严重时根部发黑、腐烂。纵切根茎部，可见维管束变为浅褐色至黑褐色，横切面可见环状排列的浅褐色至黑色小点；湿润时挤压切口处，可溢出混浊的白色菌脓，将根茎病段插入清水中，可见从切口涌出混浊液。病株地上部最初是主茎顶梢叶片首先表现失水萎蔫，一般中午失水萎蔫，晚上还能恢复。1 ～ 2 天后，全株叶片自上而下急剧凋萎下垂，整株青枯死亡，叶片暗淡，变为灰绿色，后期病株叶片变褐色枯焦，病株易拔起。该病的典型特征是植

花生青枯病叶片变褐色枯焦

花生青枯病叶片青枯

花生青枯病地上部失水萎蔫

株急性凋萎和维管束变色。

防治方法：①实行水旱轮作是控制花生青枯病发生为害最有效的措施，避免与茄科、芝麻等作物连作，不能进行水旱轮作的，可与花生青枯病菌的非寄主植物轮作，如小麦、玉米、甘薯、大豆等，一般轮作2～3年。②种植抗病品种是经济有效的防病措施。③花生收获后，及时清除田间病残体，带出田外集中销毁，对田间病株应及早拔除深埋或销毁。④播种前药剂拌种，可控制苗期发病。花生播种前，每100千克种子可选用20%噻菌铜悬浮剂（龙克均、嘉田）1 000～1 500克，充分拌匀后即可播种，不要闷种，防止产生药害。⑤做好田间的清沟排渍，防止雨后积水。 不用病花生藤堆肥。⑥药剂防治。在花生始花期或发病初期，喷淋花生茎基部或浇灌花生根部，每穴浇灌药液0.2～0.3千克，7～10天喷灌1次，连防2～3次。药剂可选20%噻菌铜悬浮剂（龙克均、嘉田）300～500倍液，或20%春雷霉素·噻菌铜悬浮剂（龙速达、施必盈）500～750倍液。也可用2%春雷霉素可溶液剂100～150克加水50千克，喷淋花生茎基部。

二、蔬菜重要细菌病害

>> 大白菜软腐病 <<

症状与识别： 大白菜多在包心期开始发病，叶柄基部与茎基部交界处首先发病，出现半透明水渍状微黄色病斑，开始症状不明显，随着病情发展，白天植株外围叶片在日光照射下表现萎蔫下垂，但早晚可恢复，几天后病株外叶萎蔫，平贴地面。天气干燥时，病叶常失水成薄纸状，紧贴叶球，叶球外露。严重时叶柄基部和根茎心髓组织腐烂，充满黄色黏稠物，有臭味，一碰就倒。贮藏期病害继续发展，造成烂窖。长江中下游地区主要发病高峰在4—11月，最适感病生育期为成株期至采收期。

大白菜软腐病由内到外腐烂

大白菜软腐病心腐症状

防治方法：①实行水旱轮作或与禾本科作物轮作2～3年，尽可能避免与十字花科蔬菜连作。②推广采用深沟高畦栽培，做到小水勤灌，提倡喷灌，避免漫灌、串灌，雨后及时排水，避免田间积水，发病期

大白菜软腐病病株外叶萎蔫，平贴地面

大白菜软腐病全株腐烂

大白菜软腐病干腐型症状

大白菜软腐病后期腐烂症状

减少浇水或暂停浇水。有条件的可采用滴灌技术，减少病菌随水传播的机会。③及时清除病残体，发现病株及时挖除，病穴撒石灰消毒。④收获后及时清洁田园。⑤田间操作防止人为机械损伤。⑥治虫防病。早期防治地下害虫，如金针虫、蝼蛄、蛴螬等，幼苗期开始防治黄曲条跳甲、菜青虫、小菜蛾、猿叶虫、甘蓝夜蛾等害虫，减少虫伤及昆虫传播。⑦药剂防治。发病前在苗期、莲座期用20%噻菌铜悬浮剂（龙克均、嘉田）500～600倍液预防。发病初期及时浇灌病株及周围健株，每株用药0.25～0.5千克，药剂可选用20%噻菌铜悬浮剂（龙克均、嘉田）500～600倍液，或每亩用20%噻森铜悬浮剂120～200

毫升，或100亿孢子/克枯草芽孢杆菌可湿性粉剂60克。发病初期7～10天用药1次，发病盛期5～7天用药1次，连续用药2～3次。

注意：喷药要周到，重点喷洒植株基部及邻近地面。重病田视病情发展，必要时还要增加喷药次数。

>> 白菜黑腐病 <<

症状与识别：幼苗受害，子叶初产生水渍状斑，根髓部变黑，逐渐枯萎。成株期染病，引起叶斑或黑脉。病斑多从叶缘向内扩展，形成 V 形褐黄色叶斑，斑外围组织淡黄色，与健部无明显界限，严重时，形成大块黄褐色斑或网状黑脉。叶柄染病，沿维管束向上扩展，造成干腐或折歪、脱落。

白菜黑腐病叶斑

青菜黑腐病形成 V 形黄褐色叶斑

防治方法：参考甘蓝黑腐病。

>> 甘蓝软腐病 <<

甘蓝软腐病多发生在结球后期，使甘蓝严重减产，失去食用价值，甚至绝收。特别是夏秋高温季节，发生更为严重。

症状与识别：一般始发于结球期，初在外叶或叶球基部出现水渍状斑，植株外层包叶中午萎蔫，早晚恢复，数天后外层叶片不再恢复，

甘蓝软腐病前期症状

甘蓝软腐病心腐症状

甘蓝软腐病严重腐烂症状

甘蓝软腐病茎基部变褐

甘蓝软腐病干涸状菌脓

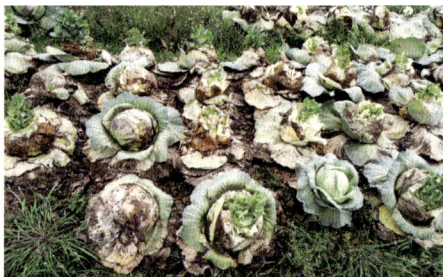

甘蓝软腐病大田严重发病状

病部开始腐烂，叶球外露或植株基部逐渐腐烂成泥状，或塌倒溃烂，叶柄或根茎基部的组织呈灰褐色软腐，严重的全株腐烂，病部散发出恶臭味，有别于黑腐病。

防治方法：参考大白菜软腐病。

>> 甘蓝黑腐病

症状与识别：叶片染病，叶缘出现黄色病变，呈V形病斑，发展后叶脉变黑，叶缘出现黑色腐烂，边缘产生黄色晕圈，后向茎部和根部扩展，造成根、茎部维管束中空，变黑干腐，使内叶包心不紧。主要为害叶片、叶球或球茎，苗期和成株期均可染病。最适感病生育期为甘蓝莲座期到包心期。长江中下游地区十字花科蔬菜黑腐病的主要发病盛期在5—11月。

防治方法：①选无病株留种或对种子进行消毒。从无病种株上采收种子，选用无病种子。播前要做好种子处理。②重发病田块，提倡与非十字花科作物实行2～3年轮作，以减少田间病菌来源。③加强田间栽培管理。提倡高畦栽培，雨后及时开沟排水，防止田间积水，合理施肥，促使植株生长健壮，提高植株抗病能力。收获后清除病残体，并带出田外深埋或销毁。④防治传病害虫。在小菜蛾、菜青虫、甜菜夜蛾、斜纹夜蛾、蚜虫、猿叶甲、黄曲条跳甲等害虫盛发前及时防治，防止虫伤及害虫传播病害。⑤在发病初期开始喷药防治，每隔7～10天喷1次，

甘蓝黑腐病叶片后期严重发病状

甘蓝黑腐病叶片V形病斑

甘蓝黑腐病叶脉变褐变黑

连续喷2～3次；重病田视病情发展，必要时还要增加喷药次数。一般气温在16～28℃范围内，连续降水量在20毫米以上，5～7天田间可始见病株，15～20天后田间进入发病盛期。药剂可选用20%噻菌铜悬浮剂（龙克均、嘉田）500～600倍液，或20%春雷霉素·噻菌铜悬浮剂（龙速达、施必盈）750～1 000倍液，或47%春雷·氧氯铜可湿性粉剂600～800倍液等。也可用20%噻菌铜悬浮剂（龙克均、嘉田）500～600倍液浇喷苗床，移栽时蘸根作为送嫁药。

注意：防治甘蓝、花椰菜等作物病害时可加有机硅或橘皮精油以提高药液在作物表面的附着力和渗透力。

>> 花椰菜软腐病 <<

症状与识别：发病初期，叶片上出现不规则的水渍状半透明病斑，之后病部变为褐色，开始发病时，病株在阳光下出现萎蔫，早晚恢复。随后病斑逐渐扩大相连，软腐，产生白色菌脓，接触有黏滑感，有恶臭味。发展一段时间后，植株腐烂死亡。茎基部一般与叶片同时发病，发病初期在外观上看不到病变，用刀切开茎基部时能发现水渍状褐色或黑褐色病斑，随后病斑逐渐扩大，病斑颜色加深，发病后期茎基部开始腐烂变质，有黏液流出。花球初发病时，出现不规则的水渍状病斑，发病后期会慢慢腐烂变质。

防治方法：参考大白菜软腐病。

花椰菜软腐病大田发病状

>> 花椰菜黑腐病 <<

症状与识别：叶片边缘产生黄色斑点，后向两侧和叶内扩展，形成V形黄褐色病斑，后达叶柄和茎，维管束变为黑色，小花球灰黑色，呈干腐状。病部菌脓不如软腐病明显，但潮湿时手摸病部有黏质感。最适感病生育期为花椰菜花球初现期。

防治方法：参考大白菜软腐病。

花椰菜黑腐病叶缘形成V形黄褐色病斑

花椰菜黑腐病叶脉变褐变黑

花椰菜黑腐病发病状

>> 萝卜软腐病 <<

症状与识别：主要为害根、短茎、叶柄及叶。多在肉质根膨大期开始发病。根部多从根尖开始发病，出现油渍状的褐色病斑，发展后使根变软腐烂，病健分界明显，常有汁液渗出，继而向上蔓延使心叶变黑褐色软腐，烂成黏滑的稀泥状；肉质根在贮藏期染病亦会使部分或整根变黑褐色软腐。留种株往往老根外形完好，心髓完全腐烂，仅有空壳。病菌往往先从菜心基部侵入引起发病，从菜心开始渐向外腐烂发

萝卜软腐病叶柄腐烂

萝卜软腐病叶片、叶柄和肉质根腐烂

萝卜软腐病全株腐烂

萝卜软腐病叶片腐烂

萝卜软腐病肉质根腐烂

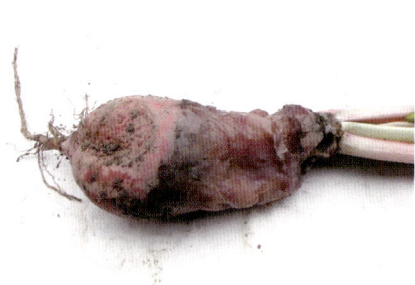

萝卜软腐病严重发病状

病，而植株外部则发育正常，最后外部叶片、叶柄腐烂。植株所有发病部位除黏滑烂泥状外，均发出一股臭味。

防治方法：参考大白菜软腐病。

>> 萝卜黑腐病 <<

症状与识别：该病多从叶缘和虫伤处开始发生，向内形成Ｖ形或不规则形黄褐色病斑，最后病斑可扩及全叶。肉质根染病出现灰褐色或灰黄色的斑痕，表现为内部维管束变黑色，髓部腐烂，严重时内部组织干腐，最后形成空心，但外部症状不明显，随着病害的发展和病菌侵入，病情加速扩展，使肉质根腐烂，并产生恶臭味。病部菌脓不如软腐病明显，但潮湿时手摸病部有黏质感。最适感病生育期为萝卜近成熟期。

萝卜黑腐病叶片症状

萝卜黑腐病叶片Ｖ形或不规则形黄褐色病斑

萝卜黑腐病病斑扩及全叶

萝卜黑腐病茎内部组织干腐，最后形成空心

防治方法：参考甘蓝黑腐病。

>> 芹菜软腐病 <<

症状与识别： 主要为害芹菜叶柄基部或茎。一般先从柔嫩多汁的叶柄基部开始发病，发病初期先出现水渍状、淡褐色纺锤形或不规则的凹陷斑。干旱时病害停止扩展，田间湿度大时，病情发展迅速，病部呈湿腐状，内部组织软腐糜烂，仅残留表皮，挥发出恶臭气味。

芹菜软腐病从菜心开始渐向外腐烂发病，最后使外部叶片、叶柄腐烂

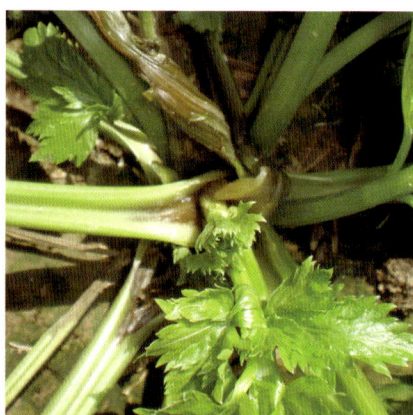

芹菜软腐病叶柄腐烂

防治方法： 参考大白菜软腐病。

>> 生菜软腐病 <<

症状与识别： 该病常在生菜生长中后期或结球期开始发生，主要为害肉质茎和根茎部。一般从植株基部伤口处开始侵染，发病初始产生水渍状斑，以后病部病斑扩大成不规则形，深绿色，充满浅灰褐色黏稠物，并释放出恶臭气味。随病情发展，病害沿基部向上快速扩展，使菜球腐烂。

生菜软腐病腐烂状   生菜软腐病严重腐烂状

防治方法：参考大白菜软腐病。

>> 番茄青枯病 <<

番茄青枯病又称细菌性枯萎病，是番茄上常见的维管束系统性病害之一，保护地、露地均可发生，也是茄果类蔬菜毁灭性病害。主要为害番茄、茄子、辣椒等茄科蔬菜和马铃薯、大豆、萝卜、花生、芝麻等作物。以番茄受害最重，茄子次之。番茄的感病生育期是番茄结果中后期。南方及多雨年份发生普遍而严重。长江中下游地区主要发病盛期为6—10月。华南地区发病盛期为5月下旬至7月上旬和10月上旬至12月上旬。

症状与识别：番茄在植株开花结果初期开始表现症状，病株顶部、中下部叶片相继萎蔫下垂。发病初始顶部新叶萎蔫下垂，后下部叶片凋萎；一般白天出现萎蔫，中午尤为明显，傍晚和清晨又恢复正常；病叶变浅绿色，呈青枯状。数天后很快扩展至整株萎蔫，并不再恢复而死亡。因本病发病初期，地上部分虽表现为萎垂而叶片仍保持绿色，故名"青枯"。茎上产生初为水渍状的斑点，扩大后呈褐色斑块，病茎中下部表皮粗糙，常产生不定根或不定芽。剖开病茎，可见维管束变褐，横切后用手挤压可见乳白色黏液渗出，是青枯病的典型症状，可与真菌性枯萎病相区别。

番茄青枯病大田发病状

番茄青枯病全株失水萎蔫

番茄青枯病根部变褐

番茄青枯病顶部新叶萎蔫下垂

防治方法：①发病严重地块提倡与非茄科作物轮作4～5年，有条件的地区，与禾本科作物特别是水稻轮作效果最好。②嫁接防病。③选用抗（耐）病品种。④夏季棚室利用太阳能进行土壤消毒。⑤健身栽培。选择干燥无病菌的土地作为苗床。高畦栽培，沟渠配套，避免大水漫灌，施充分腐熟的有机肥。及时摘去病老叶并拔除病株。收获后清除病残体，带出田外深埋或销毁；深翻土壤，加速病残体的腐烂分解。⑥发病前预防可在移栽前5天、定植后株高为15～18厘米、始花期进行。喷淋防治时根部要多喷。发病初期用药防治。采取挑治封锁发病中心与普治相结合，及时控病，力求治早、治少、治了。隔7～10天喷药1次，连续2～3次。重病田视病情发展，必要时还要增加喷药次数。药剂可选用20％噻菌铜悬浮剂（龙克均、嘉田）500倍液，或20％噻森铜悬浮剂400～500倍液，或20％春雷霉素·噻菌铜（龙速达、施必盈）悬浮剂750～1 000倍药液等。

>> 番茄细菌性斑点病 <<

番茄细菌性斑点病又称番茄细菌性叶斑病、斑疹病，主要为害番茄，还可侵染辣椒。番茄染病后，植株发育迟缓，果实膨大受阻或幼果开裂，一般减产10％～30％，严重的减产50％以上，对番茄生产构成严重威胁。

症状与识别：番茄叶片感染，由下部老熟叶片先发病，向植株上部蔓延，发病初产生水渍状小圆点或不规则斑点，直径2～4毫米，深褐色至黑色，扩大后病斑暗褐色，圆形或近圆形，将病叶对光透视时可见病斑周缘有黄色晕圈，发病中后期病斑变为褐色或黑色。如病斑发生在叶脉上，可沿叶脉连续串生多个病斑，叶片因病致畸。茎染病，初始产生水渍状小点，扩大后病斑暗绿色，圆形或椭圆形，病斑边缘稍隆起，呈现疮痂状。病斑易连成斑块，严重时可使一段茎部变黑。花蕾受害，在萼片上形成许多黑点，连片时，使萼片干枯，不能正常开花。果实和果柄染病，初始产生水渍状小斑点，稍大后病斑呈褐色，圆形至椭圆形，呈周缘稍隆起、中央凹陷的疮痂状。后期呈黄褐色或黑褐色木栓化、直径0.2 ～ 0.5厘米大小、近圆形的粗糙枯死斑，有的相互连接成不规则形大斑块，果柄与果实连接处受害时，易落果。

防治方法：参考辣椒细菌性斑点病。

番茄细菌性斑点病叶片角斑

番茄细菌性斑点病病斑

番茄细菌性斑点病多个角斑串连在一起　　番茄细菌性斑点病病茎

番茄细菌性斑点病病果

番茄细菌性斑点病病茎

番茄细菌性斑点病叶片后期病斑

番茄细菌性斑点病茎、叶症状

番茄细菌性斑点病致叶片枯黄

番茄细菌性斑点病叶背症状

>> 茄子青枯病 <<

症状与识别：茄子染病，初期个别枝条的叶片或一片叶的局部呈现萎蔫，后逐渐扩展到整株枝条上。病部初呈淡绿色，变褐焦枯，病叶脱落或残留在枝条上。将茎部皮层剥开，木质部呈褐色。枝条里面的髓部大多腐烂空心。用手挤压病茎的横切面，有乳白色的黏液渗出。

茄子青枯病叶片失水萎蔫　　　　　　茄子青枯病全株青枯

防治方法：参考番茄青枯病。

>> 辣椒细菌性斑点病 <<

辣椒细菌性斑点病又称辣椒疮痂病，是辣椒生产上的主要病害之一，从苗期到成株期均可发病，一般地块发病率为20%～30%，重病地可达100%，发病严重时可造成早期大量落叶、落花、落果，甚至全株毁灭，严重影响辣椒产量和品质。

症状与识别：叶片发病初期呈水渍状黄绿色小斑点，后呈不规则形、边缘暗绿色稍隆起、中间淡褐色稍凹陷、表皮粗糙的疮痂状病斑。受害重的叶片边缘、叶尖变黄，干枯脱落。病斑沿叶脉发生时，常使叶片畸形。茎发病初呈水渍状不规则形的条斑，后木栓化隆起，纵裂呈疮痂状。果实染病，开始有褐色隆起的小黑点，后扩大为稍隆起的圆形或长圆形黑色疮痂状病斑，潮湿时，疮痂中间有菌液溢出。

防治方法：①与非茄科蔬菜实行3年以上轮作。②选用抗病品种，建立无病种子田，采用无病种苗。③种子处理。播前可用55℃温汤浸种30分钟后移入冷水中冷却，捞出晾干后催芽播种。④深翻土壤，保护地灌水闷棚，高温高湿可促使病残组织分解和腐烂，减少再侵染菌源。⑤开好排水沟系以降低地下水位，合理密植，适时开棚通风换气，降低棚内湿度，增施磷、钾肥，提高植株抗病性。灌溉、整

辣椒细菌性斑点病叶片早期病斑

辣椒细菌性斑点病叶片表皮呈粗糙的疮痂状病斑

辣椒细菌性斑点病病茎

辣椒细菌性斑点病叶片严重发病状

辣椒细菌性斑点病叶片后期病斑

辣椒细菌性斑点病病茎上木栓化隆起
的病斑

辣椒细菌性斑点病病茎纵裂呈疮痂状

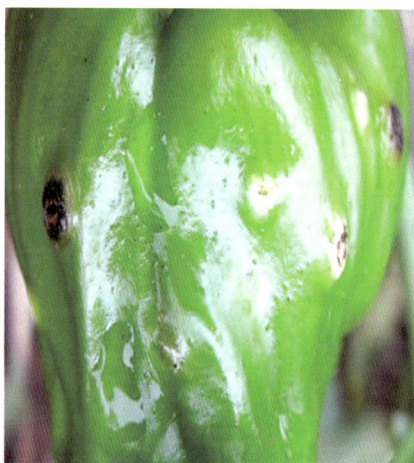

辣椒细菌性斑点病病茎

辣椒细菌性斑点病病果

枝、打杈、采收等农事操作中要注意避免病害的传播。尽量采用滴灌或沟灌，浇水要用清洁的水源。⑥发病初期及时整枝打杈，摘除病叶、老叶，收获后清洁田园，清除病残体，并带出田外深埋或销毁。⑦药剂防治。预防可用46%氢氧化铜水分散粒剂1 200 ～ 1 500倍液，发病初期可选用20%噻菌铜悬浮剂（龙克均、嘉田）400 ～ 500倍液，或20%噻唑锌悬浮剂300 ～ 500倍液喷雾，每隔10天左右喷1次，连喷2 ～ 3次。

>> 辣椒青枯病 <<

症状与识别：辣椒植株的细根首先褐变，不久开始腐烂并消失。植株迅速萎蔫、枯死，茎、叶仍保持绿色。切开接近地面部位的病茎，可以发现维管束有轻微褐变。病茎的褐变部位用手挤压，有乳白色菌液排出。

防治方法：青枯病是土壤传播的一类细菌性病害，病菌一经进入维管束，就很难清除，因此，生产上防治青枯病，预防是关键。可在定植后株高15 ～ 20厘米时用20%噻菌铜悬浮剂500倍液浇根，始花期每亩用20%春雷霉素·噻菌铜悬浮剂（龙速达）100克，兑水40千克喷雾预防，全株喷湿，根部多喷。其他防治方法参考番茄青枯病。

辣椒青枯病失水萎蔫状

辣椒青枯病茎叶枯萎状

辣椒青枯病青枯状

辣椒青枯病维管束褐变

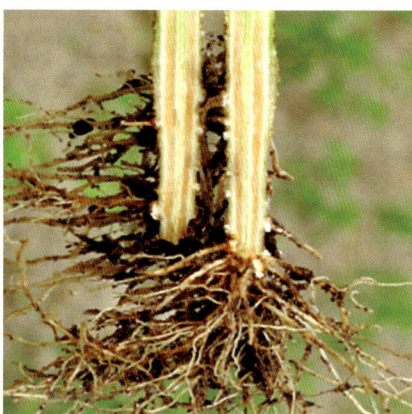

辣椒青枯病根茎纵切面

>> 黄瓜细菌性角斑病 <<

　　黄瓜细菌性角斑病是黄瓜上的一种常发性病害，常在田间与霜霉病混合发生，病斑比较接近，有时容易混淆，药剂防治上两种病害又有一定的区别，注意正确诊断。以开花、坐瓜期至采收期最易感病，晚春至早秋的雨季发病较重，长江流域发病盛期在4—6月和9—11月。

症状与识别：苗期和成株期均可染病。主要为害叶片和果实，也能为害茎蔓、叶柄和卷须。叶片染病，先侵染下部老熟叶片，逐渐向上部叶片发展，发病初始产生水渍状小斑点，渐变淡褐色，扩大后受叶脉限制，病斑呈多角形，灰褐色、淡黄色至褐色，油渍状，边缘有黄色晕环。空气湿度大时，叶背病部产生乳白色水珠状菌脓。空气干燥时，留有膜状白痕，后期叶部病斑质脆，干枯后易破裂造成穿孔。发病严重时，病斑相互连接呈油纸状斑块，叶脉受害变黑色，生长停

黄瓜细菌性角斑病叶片后期病斑

黄瓜细菌性角斑病叶背面水渍状病斑

黄瓜细菌性角斑病淡黄色病斑

黄瓜细菌性角斑病前期病斑

滞，引起叶片皱缩畸形，干枯卷曲脱落。果实染病，果皮初现水渍状、淡褐色、凹陷病斑，而后龟裂，病部产生大量黄白色混浊黏液。发病严重时可侵染果肉组织，使果肉变色，最后腐烂；并侵染种子，使种子带菌。幼果染病，常造成落果或畸形果。茎蔓、叶柄和卷须染病，初为水渍状小斑，扩大后呈短条状，黄褐色，空气湿度大时产生乳白色混浊黏液，严重时病部出现裂口，空气干燥时病部留有白痕。

黄瓜细菌性角斑病后期病斑及穿孔

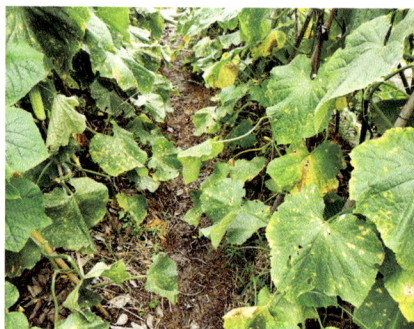

黄瓜细菌性角斑病田间发病状

黄瓜细菌性角斑病与黄瓜霜霉病的区别

	黄瓜细菌性角斑病	黄瓜霜霉病
病斑形状与大小	多角形，病斑较小	多角形，病斑较大，扩散蔓延快，后期病斑会连成一片
病斑颜色和是否穿孔	病斑颜色较浅，呈灰白色，后期易开裂形成穿孔	病斑颜色较深，呈黄褐色，不穿孔
叶背面病斑特征	保湿法培养病菌，病斑为水渍状，产生乳白色菌脓	病斑长出灰白色霉层
病叶对光的透视度	有透光感觉	无透光感觉
发病部位	叶片和果实均发病	主要为叶片发病

防治方法：①提倡与非葫芦科作物实行隔年轮作。②选用较抗病品种。③播前种子处理，可用50℃温汤浸种20分钟，捞出晾干后催芽播种，也可用2.5%咯菌腈悬浮种衣剂包衣处理。④加强肥水管理，适

时通风换气，肥水管理采取轻浇勤浇，浇水施肥应在晴天的上午进行，并及时开棚通风降湿。⑤生长期间或收获后清除病叶、病株，集中深埋或销毁。⑥清理好沟系，防止雨后积水，降低地下水位和棚内湿度。⑦灭虫防病。发现食叶害虫（如黄守瓜、瓜绢螟、斜纹夜蛾等），及时进行防治，切断传播桥梁。⑧在移栽前3～5天及定植后10天左右，特别在始蔓期至始花期做好预防。药剂每亩可选用20%春雷霉素·噻菌铜悬浮剂（龙速达）50～75克，兑水40千克喷雾，或2%春雷霉素水溶液剂300～400倍液等。发病初期开始喷药，药剂可选用20%噻菌铜悬浮剂（龙克均、嘉田）600～800倍液，或20%春雷霉素·噻菌铜悬浮剂（龙速达、施必盈）1 000～1 500倍液，或33.5%喹啉铜悬浮剂1 000倍液。施药间隔期7～10天，连续喷药3～4次；重病田视病情发展，必要时还要增加喷药次数。

>> 黄瓜细菌性叶枯病 <<

　　黄瓜细菌性叶枯病是保护地瓜类上的新病害，全生育期均会发生，主要侵染叶片，有时也为害茎和叶柄。长江中下游地区发病盛期在12月至翌年4月。

　　症状与识别：黄瓜叶片染病，发病初始叶缘产生水渍状小点，扩大后病斑呈不规则形，边缘有黄色晕环，中央淡褐色，并向叶片中

黄瓜细菌性叶枯病多角形褐色病斑

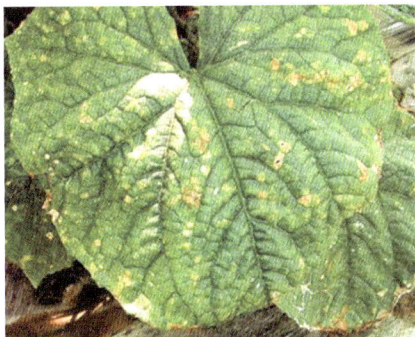

黄瓜细菌性叶枯病多个病斑融合在一起，病部变薄

部扩展。发生严重时，产生大型水渍状病斑。病叶背面不易见到菌脓。叶柄、茎、卷须染病，病斑褐色，呈水渍状。果实染病，由果柄引起，初在果柄上产生水渍状斑，后果柄呈褐色，果实黄化，脱水缢缩。

防治方法：参考西瓜细菌性叶枯病。

>> 西瓜细菌性角斑病 <<

西瓜细菌性角斑病是大棚生产前期及大田生产中后期常见的细菌病害，也是西瓜上的重要病害之一，以晚春至早秋的雨季发病较重。

症状与识别：该病主要发生在西瓜叶、叶柄、茎蔓、卷须及果实上。在苗期子叶上呈水渍状圆形或近圆形凹陷小斑，后扩大并呈黄褐色、多角形病斑，子叶逐渐干枯。成熟叶片上病斑初为透明水渍状小点，随着病程的发展受到叶脉限制而呈多角形黄褐色斑，后多个病斑连在一起。潮湿时，叶背病斑处有白色菌脓。最后病斑成为浅黄色，周围有黄色晕环，干燥时病斑中央变褐色或灰白色，易干枯破裂穿孔。茎蔓、叶柄、果实受害，初期为水渍状圆形斑，潮湿时也溢出菌脓，干燥时病斑呈灰白色，常形成开裂或溃疡。

西瓜细菌性角斑病叶片初期病斑　　　西瓜细菌性角斑病叶片典型病斑

西瓜细菌性角斑病叶片后期病斑

西瓜细菌性角斑病叶片典型病斑（背面）

西瓜细菌性角斑病叶背面水渍状角斑

西瓜细菌性角斑病叶片对光半透明

西瓜细菌性角斑病幼果症状

西瓜细菌性角斑病病果及菌脓

西瓜细菌性角病病果表面

西瓜细菌性角病病瓜剖面

防治方法：参考黄瓜细菌性角斑病。

>> 西瓜细菌性叶枯病 <<

　　症状与识别：叶片边缘或叶脉间出现圆形水渍状褪绿斑，叶背病斑为水渍状小点，逐渐扩大成近圆形或多角形的褐色斑，布满叶面，周围具褪绿晕圈，后融合为大斑，病部变薄，形成叶枯。湿度大时致叶片失水青枯。病斑中央半透明，病叶背面不易见到菌脓，有别于细菌性角斑病。茎蔓染病，产生梭形或椭圆形稍凹陷的褐斑。果实染病，生有四周稍隆起的圆形褐色凹陷斑，可深入果肉，引起果实腐烂。湿度大时，病部长出灰黑色至黑色霉层。

西瓜细菌性叶枯病叶背的水渍状斑点

西瓜细菌性叶枯病叶片水渍状斑块

西瓜细菌性叶枯病病斑融合为大斑

西瓜细菌性叶枯病褐色大斑

西瓜细菌性叶枯病叶片严重发病状，病部明显变薄

西瓜细菌性叶枯病病部呈黄色至黄褐色

　　防治方法：①提倡与非葫芦科作物实行隔年轮作，有条件的实行水旱轮作。②选择地势高燥的田块，并深沟高畦栽培，雨停不积水；育苗的营养土要选用无菌土，用前晒3周以上。③从无病留种株上采收种子，选用抗病、包衣的种子，如未包衣，在播前要做好种子处理，可用50℃温汤浸种20分钟，捞出晾干后催芽播种。④加强田间管理。合理密植，及时摘除病老叶，清除病蔓、病叶、病株，并带出田外深埋或销毁，深翻土壤，加速病残体的腐烂分解。病穴施药或生石灰。地膜覆盖栽培，防止土中的病菌侵染地上部植株。大棚栽培的可

在夏季休闲期棚内灌水，地面盖地膜，闭棚几日，利用高温灭菌；及时清理沟系，防止雨后积水，适时通风换气，肥水管理采取轻浇勤浇，浇水施肥应在晴天的上午进行，并及时开棚通风降湿。⑤在发病初期开始喷药，每隔7～10天喷1次，连续喷2～3次。药剂参考黄瓜细菌性角斑病。

>> 西瓜细菌性果斑病 <<

西瓜细菌性果斑病又称西瓜果腐病、西瓜水浸病、果实腐斑病等，是近年由国外传入的毁灭性病害。苗期和成株期均可发病，开花后14～21天的果实容易感染，以西瓜成熟前7～10天和成熟时发病较重。

症状与识别：叶片感病，在子叶下侧最初出现水渍状褪绿斑点，子叶张开时，病斑变为暗棕色，且沿主脉逐渐发展为黑褐色坏死斑。西瓜生长中期，叶片病斑暗棕色，略呈多角形，周围有黄色晕圈，对光透明，通常沿叶脉发展。严重时多个病斑连在一起。果实染病，初在果面上出现数个深绿色至暗绿色水渍状斑点，后迅速扩展成大型不规则的橄榄色水渍状斑块，病斑边缘不规则，并不断扩展，7～10天内便布满除接触地面部分的整个果面。早期形成的病斑老化后表皮变褐或龟裂，常溢出黏稠、透明的琥珀色菌脓，果实很快腐烂。

西瓜细菌性果斑病暗棕色病斑

西瓜细菌性果斑病叶片前期症状

西瓜细菌性果斑病叶片背面症状

西瓜细菌性果斑病叶片多个病斑愈合

西瓜细菌性果斑病茎蔓后期症状

西瓜细菌性果斑病为害茎蔓形成水渍
状梭形斑

西瓜细菌性果斑病病叶后期水渍状腐烂

西瓜细菌性果斑病瓜蒂腐烂

西瓜细菌性果斑病大田发病状

西瓜细菌性果斑病幼果前期症状

西瓜细菌性果斑病果面水渍状斑

西瓜细菌性果斑病病果在高湿下流出菌脓

西瓜细菌性果斑病病果中期剖面

西瓜细菌性果斑病腐烂瓜

西瓜细菌性果斑病病瓜与健瓜对比

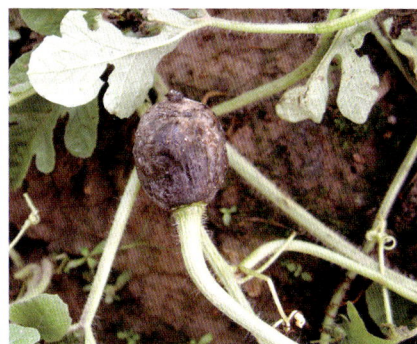

西瓜细菌性果斑病造成幼果腐烂

防治方法：①加强检疫，不用病区的种子，发现病种应在当地销毁，严禁外销。②与禾本科作物进行3年以上轮作。③种子处理。用50～54℃温水浸种20分钟，再催芽播种。④施用充分腐熟有机肥。⑤对表皮发病轻微且已成熟的西瓜，及时采收，减少损失。⑥药剂防治。发病重的田块或地区，在进入雨季时，掌握在发病前开始喷药预防，在发病初期开始喷药，用药间隔期7～10天，连续喷药3～4次；重病田视病情发展，必要时还要增加喷药次数。药剂可选用20%噻菌铜悬浮剂（龙克均、嘉田）600～800倍液，或47%春雷·王铜可湿性粉剂600～700倍液，或53.8%氢氧化铜可湿性粉剂1 000倍液等。

>> 甜瓜细菌性果斑病 <<

症状与识别：叶片上病斑呈圆形至多角形，边缘初呈V形水渍状，后中间变薄，病斑干枯。病斑背面溢有白色菌脓，干后呈一薄层，且发亮。严重时多个病斑融合成大斑，颜色变深，多呈褐色至黑褐色。果实染病，先在果实朝上的表皮上出现水渍状小斑点，渐变褐，稍凹陷，后期多龟裂，褐色。初发病时病斑仅局限在果皮上，进入发病中期，病菌可单独或随腐生菌向果肉扩展，使果肉变成水渍状腐烂。

甜瓜细菌性果斑病叶片背面症状　　　　甜瓜细菌性果斑病叶片正面症状

甜瓜细菌性果斑病茎蔓症状

甜瓜细菌性果斑病果实症状

甜瓜细菌性果斑病病果后期腐烂

防治方法：参考西瓜细菌性果斑病。

>> 哈密瓜细菌性角斑病 <<

哈密瓜细菌性角斑病是哈密瓜主要病害之一，主要为害叶片和果实。如果不及时防治会影响果实的产量和质量。

症状与识别：叶片发病，初生水渍状半透明浅绿色小点，然后慢慢扩大成浅黄色或淡褐色斑，因受叶脉限制呈多角形。后期病斑呈灰白色，中央破裂穿孔，湿度高时叶背病斑溢出乳白色菌脓，干后呈一薄层。严重时多个病斑融合成大斑，多呈褐色至黑褐色。果实染病，先在果实朝上的表皮上出现水渍状、黄绿色小斑点，逐渐变成近圆形，稍凹陷，灰褐色，随病害发展，病斑中部凹陷龟裂，呈红褐至暗褐色坏死斑，边缘黄绿色，油渍状，潮湿时病部可溢出白色菌脓。初发病时病斑仅局限在果皮上，随后病菌可单独或随同腐生菌向果肉扩展，使果肉变成水渍状腐烂，有臭味。

哈密瓜细菌性角斑病叶片背面水渍状病斑

哈密瓜细菌性角斑病叶片后期病斑

哈密瓜细菌性角斑病叶片症状

哈密瓜细菌性角斑病茎蔓症状

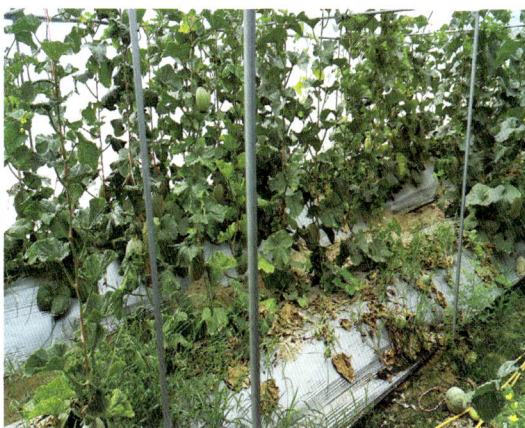

哈密瓜细菌性角斑病大田
发病状

防治方法：①与非瓜类作物实行2年以上轮作，在瓜果收获后，要及时清理叶、蔓、烂瓜等。②选用抗病品种。③选无病瓜留种，并对种子进行70℃恒温干热灭菌消毒或50℃温水浸种处理。④选用无病土育苗。⑤发病前预防或发病初期用药防治。药剂可选用20%噻菌铜悬浮剂（龙克均、嘉田）400～600倍液，或20%春雷霉素·噻菌铜悬浮剂（龙速达、施必盈）800～1 000倍液。

>> 大豆细菌性斑点病 <<

症状与识别：为害大豆幼苗、叶片、叶柄、茎及豆荚。幼苗染病，子叶生半圆形或近圆形褐色斑。叶片染病，初生褪绿不规则形小斑点，水渍状，扩大后呈多角形或不规则形，病斑大小为3～4毫米，病斑中间深褐色至黑褐色，外围具一圈窄的褪绿晕环，周围则为水渍状，后期病斑为黑色或黑褐色，多个病斑融合

大豆细菌性斑点病叶背面水渍状黑褐色角斑

后呈枯死斑块。茎部染病，初呈暗褐色水渍状长条形斑，扩展后为不规则状，稍凹陷。荚和豆粒染病会产生暗褐色条斑。

大豆细菌性斑点病叶正面水渍状黑褐色角斑

大豆细菌性斑点病叶片深褐色至黑褐色病斑及外围褪绿晕环

大豆细菌性斑点病严重时叶正面病斑融合成块

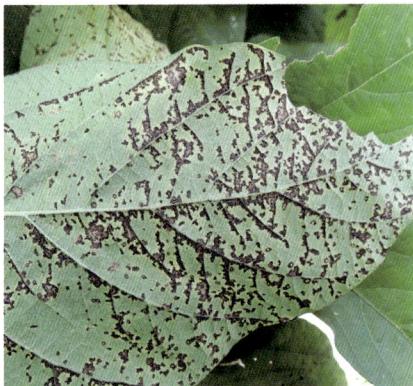

大豆细菌性斑点病严重时叶背面病斑融合成块

防治方法：参考番茄细菌性叶斑病。

>> 菜豆细菌性疫病 <<

症状与识别：主要为害菜豆叶、茎、荚、种子及子叶。叶片染病，从叶尖或叶缘开始出现暗绿色油渍状小斑点，渐扩大为不规则褐斑，边缘有黄色晕圈。发病重时病斑连片，病部脆硬，易破，最后致叶片干枯如火烧状。枯死的叶片暂不脱落，经风吹雨打，片片碎裂。在高温高湿下，部分病叶有时很快凋萎变黑。嫩叶受害变形，皱缩，易脱落。茎蔓发病，形成红褐色溃疡状条斑，稍凹陷，常绕茎一周，致上部茎叶枯萎。豆荚发病，初为细小暗绿色油渍状小斑点，逐渐扩大，病斑由红色变为褐色，有时略带紫色。病斑近圆形或不规则形，稍凹陷。发病重的豆荚内种子也染病，产生暗褐色或黄色凹陷斑。湿度大时，叶、茎和荚的病斑上可溢出黄色菌脓。

菜豆细菌性疫病严重时病斑连片，病部脆硬易破

菜豆细菌性疫病叶片不规则褐斑

　　防治方法：①与非豆类作物实行2～3年轮作。②选留无病种子，从无病地采种，对带菌种子用45℃恒温水浸15分钟，捞出后移入冷水中冷却后播种。③雨后注意排水，避免大水漫灌。④摘除植株下部病叶，除草灭虫，有助于减轻该病为害。⑤发病初期可选用20%噻菌铜悬浮剂（龙克均、嘉田）500～600倍液，或47%春雷·氧氯铜可湿性粉剂600倍液喷雾，每隔7～10天喷1次，连续防治2～3次。暴雨后补喷1次。

>> 芋软腐病 <<

芋软腐病又称芋腐败病、芋腐烂病，在芋产区均有发生，是芋重要病害之一。一般在地下球茎膨大之前（结芋前）开始发生，以球茎膨大以后发病最盛。

症状与识别：主要为害芋叶柄基部或地下球茎。叶柄基部染病，初生水渍状、暗绿色、无明显边缘的病斑，扩展后叶柄内部组织变褐腐烂，可使叶片变褐色软腐，整片叶变黄凋萎或倒折。球茎染病出现湿润状暗褐色斑，手压病部外皮凹陷，可使芋局部乃至全部变软腐烂，严重时病部迅速软化、腐败，终至全株萎蔫以至倒伏，病部散发恶臭味。

芋软腐病心叶腐烂

芋软腐病叶柄出现水渍状条斑，有汁液流出

芋软腐病根系少，芋头腐烂

芋软腐病叶柄腐烂

芋软腐病芋头腐烂

芋软腐病大田发病状

防治方法：应于发病前或发病初期进行喷雾施药，每季最多用药2次，具体参考魔芋软腐病。

>> 魔芋软腐病 <<

症状与识别：主要为害魔芋叶片、叶柄及球茎。最明显的特征是组织腐烂、具有恶臭味。出苗期染病，芋头弯曲，或叶柄、种芋腐烂；叶片展开后染病，初生湿润状暗绿色小斑，扩大后组织腐烂。病菌沿导管侵染叶脉、叶柄，出现水渍状条斑，有汁液流出，或致叶柄基部溃烂离解，球茎染病，全株或半边发黄，叶片萎蔫，球茎表面现出水渍状深褐色病斑，向内扩展，呈灰色或灰褐色黏液状腐烂，并散发恶臭。植株基部染病，呈软腐倒伏，早期叶片尚可保持绿色，后变黄褐色干枯。

魔芋软腐病大田发病状

魔芋软腐病叶片萎蔫发黄

魔芋软腐病半边叶片萎蔫枯死

魔芋软腐病茎部软腐

魔芋软腐病植株基部软腐倒伏

魔芋软腐病植株基部溃烂离解

防治方法： ①实行与水生作物（水稻、马蹄）轮作2～3年。②种芋消毒。在播种前选好种芋，翻晒1～2天后，可用20%噻菌铜悬浮剂500倍液浸种1小时，捞出晾干后种植。③及时防治地下害虫（如蛴螬、白棘跳虫等）。在播种前每亩用5%辛硫磷颗粒剂2.5千克，拌细土30千克均匀撒施。也可用50%辛硫磷乳油200克，兑少量水稀释后拌细土20～30千克，制成毒土，均匀撒在播种沟（穴）内，覆一层细土后播种。④加强田间管理。深耕晒土，精细整地，深沟高畦栽培，防止长期积水，施用充分腐熟的有机肥。⑤药剂防治。发病初期及时排水晒田，拔出带走病株，同时在病穴及其周围撒生石灰。然后喷洒20%噻菌铜悬浮剂（龙克均、嘉田）500～600倍液，或47%春雷·王铜可湿性粉剂500倍液，隔7天左右1次，连续防治2～3次。

>> 马铃薯黑胫病 <<

马铃薯黑胫病又名马铃薯黑脚瘟、马铃薯黑脚病，由胡萝卜软腐欧文氏菌马铃薯黑胫亚种引起，是马铃薯生产和贮藏中为害严重的细菌性病害之一，在中国东北、华北、西北等马铃薯产区都有不同程度地发生。发病率轻者2%～5%，严重可达40%～50%，在田间经常造成缺苗断垄及马铃薯块茎腐烂，贮藏时若窖温偏高则易引起烂薯。

症状与识别： 该病从马铃薯苗期到生育后期均可发病，主要为害植株茎基部和薯块。往往从块茎开始发病，经由匍匐茎传至茎基部，逐渐发展到茎上部。一般在幼苗株高15～18厘米时出现症状，病株生长缓慢、矮化、僵直，叶片逐渐褪绿变黄，顶部叶片向中脉卷曲，有时萎蔫。匍匐茎和茎部表皮变色，发病后期茎基部变黑腐烂，整个植株变黄，呈萎蔫状，甚至枯死，横切病茎可见维管束为褐色。表皮组织破裂，根系极不发达，发生水渍状腐烂。病部有黏液和臭味，病株易从土中拔出。块茎发病一般是从连接匍匐茎的脐部开始，感病初期，表皮脐部略变色，或有很小的黑色斑点，随着病菌在维管束扩展蔓延，病变由脐部向块茎内部扩展，形成放射性黑色腐烂。纵剖块茎可看到病薯的病部和健部分界明显，病变组织柔软，维管束呈黑色小点状或断线状，用手挤压皮肉不分离，湿度大时，薯肉腐烂，呈心腐状，并发出刺鼻臭味。

马铃薯黑胫病病叶向中脉卷曲

马铃薯黑胫病病株叶片萎蔫

马铃薯黑胫病病株萎蔫

马铃薯黑胫病病株萎蔫枯死

马铃薯黑胫病病株枯死

马铃薯黑胫病匍匐茎和茎部除表皮外变色

马铃薯黑胫病病株基部枯死

马铃薯黑胫病后期病株茎基部变黑腐烂

马铃薯黑胫病病茎维管束褐色

马铃薯黑胫病病健薯比较（中为正常薯，两边为病薯）

马铃薯黑胫病病茎表皮组织破裂

马铃薯黑胫病主要由种薯带菌引起。病菌先通过切薯块扩大传染，引起更多种薯发病，再经维管束或髓部进入植株，引起地上部发病。田间病菌还可通过灌溉水、雨水或昆虫传播，经伤口侵入致病，后期病株上的病菌又从地上茎通过匍匐茎传到新长出的块茎上。贮藏期病菌通过病健薯接触经伤口或皮孔侵入使健薯染病。在北方，气温较高时发病重，窖藏期间，窖内通风不良，高温高湿有利于细菌繁殖和为害，往往造成大量烂薯。黏重而排水不良的土壤对发病有利。

防治方法：①选用抗病品种。播种前将种薯先放在阳光下进行催芽晒种，剔除烂薯，减少田间发病率。②注意轮作倒茬，与非茄科、萝卜等作物轮作。③选用无病种薯，建立无病留种田。④采用整薯播种，或切块后用草木灰、春雷霉素或噻菌铜等进行拌种或浸种后立即播种。⑤发现病株应及时全株拔除，集中销毁，在病穴及周边撒少许熟石灰。⑥防治地下害虫。播前结合耕翻整地，每亩用3％辛硫磷颗粒剂6千克拌细湿土撒施于地面。⑦药剂防治。发病初期每亩可选用20％噻菌铜悬浮剂（龙克均、嘉田）100～125毫升，或20％春雷霉素·噻菌铜悬浮剂（龙速达、施必盈）75～90毫升，或12％噻霉酮水分散粒剂15～25克，或6％春雷霉素可湿性粉剂37～47克，隔7天施药1次，连续施用2～3次。

>> 姜腐烂病 <<

姜腐烂病又称姜瘟、软腐病、青枯病，为全株性病害，也是各姜产区的主要病害，常引起姜大面积腐烂死亡。

症状与识别：多从茎基部及其相连的地下根茎的上部分母姜先发病，而后向子姜、孙姜和抽生的茎上扩展。病株茎基部和病姜初为水渍状、淡黄褐色，失去光泽，后内部组织逐渐软化腐烂，仅残留外皮。腐烂组织内部分解为污白色的黏稠汁液，或用手挤压病部可流出灰白色水状液体，有臭味，生姜根部受害后也呈现淡黄褐色，并最终全部腐烂。地上茎被害呈现暗紫色，内部组织变褐腐烂，残留纤维。由于根茎失去吸收和传导水分功能，轻病株叶片凋萎下垂，叶缘卷曲，叶尖和叶脉鲜黄色至黄褐色，引起早期落叶，严重时叶片萎蔫卷曲，叶色由黄变为枯褐色，最后茎叶枯死，植株死亡。

防治方法：①轮作换茬是切断土壤传播病害的重要途径。尤其是对已发病地块，间隔3年以上才可种姜，提倡与葱、蒜、菠菜、白菜、萝卜、水稻、油菜、玉米、小麦、甘薯进行3～4年轮作。种姜最好选用新茬或前茬为粮食作物的地块。菜园以前茬为葱、蒜较好。种过番茄、茄子、辣椒、马铃薯等茄科作物，尤其是发生过青枯病的地块不宜种姜。②选用无病种姜或种姜消毒。选择色泽鲜黄、组织致密、芽口多而完整无伤痕的老姜。播前晒姜种5～7天，然后用20%噻菌铜悬浮剂500倍液浸种2～3小时，或用47%春雷·王铜可湿性粉剂400倍液浸种6小时。③选择地势高燥、排水良好的沙壤土地块。开好排水沟，防止雨季田间积水。有条件可采用塑料软管灌溉。浇水时要控制水量，切不可大水漫灌，防止病田的灌溉水流入无病田中，避免病菌通过流水传播。④苗出齐后用20%噻菌铜悬浮剂500倍液浇根或淋穴，每丛用药量250～300毫升。⑤发现病株立即拔除，然后将病株四周0.5米以内的健株一并去除，并挖出带菌土壤，在病穴及四周撒石灰或漂白粉，然后用无菌土掩埋。病株及病姜集中处理，不要作堆肥。⑥防治地下害虫，以防害虫为害造成伤口和传播病菌。⑦早期

姜腐烂病叶片失水呈凋萎状，向叶背卷曲，整株青枯而死，不倒伏

姜腐烂病地下肉质茎呈水渍状，变软，黄褐色，失去光泽

姜腐烂病病姜（右）与正常姜（左）对比

姜腐烂病地上部分枯萎

发现中心病株及时用药防治。发现叶片凋萎下垂，叶缘卷曲的中心病株时，对病株和周围的植株用8亿活芽孢/克蜡质芽孢杆菌可湿性粉剂100～150倍液，或20%噻菌铜悬浮剂（龙克均、嘉田）400～500倍液，或70%敌磺钠可湿性粉剂600～800倍液等喷淋，7～10天用药1次，连喷3～4次，挑治与全面防治相结合，前密后疏，大雨过后应补喷。也可采用浇灌，每穴灌药液200～500毫升。

>> 大蒜细菌性软腐病 <<

大蒜细菌性软腐病是大蒜上常见的病害之一，各产区普遍发生，主要为害露地栽培的大蒜，雨水多的年份为害严重。发病严重时常造成叶片枯死，甚至整株枯死，直接影响产量。一般年份常常零星点片发生，发病植株一般为3%～5%；发病严重的年份往往会成片发生，发病植株能够达到30%，甚至更高。长江中下游地区大蒜细菌性软腐病的主要发病盛期在5—6月。感病生育期在大蒜生长后期。

症状与识别：往往大蒜脚叶先发病，也就是位于植株最下部的叶片先发病。先从叶缘或中脉发病，沿叶缘或中脉形成黄白色条斑，随着病情加重，病斑会沿叶脉向叶片基部蔓延，直至整个叶片发病并逐渐枯萎，并逐渐向上部叶片蔓延，地下茎基部呈黄褐色软腐状。湿度大时，病部呈黄褐色软腐状，根系亦出现黄褐色腐烂，有臭味，植株一拔即断。重病株全部叶片枯黄，根系软烂，整株塌地而死。

大蒜细菌性软腐病沿中脉形成黄白色条斑

大蒜细菌性软腐病大田严重发病状

大蒜细菌性软腐病叶片枯黄　　　　大蒜细菌性软腐病基部叶片枯黄

　　防治方法：①选用抗病品种，与非禾本科作物轮作，水旱轮作最好。重病地避免连作，改种麦类、水稻等粮食作物。②清洁田园。及时清除病残体，集中销毁。③高温干旱时应科学灌水，不要连续灌水和大水漫灌，雨后及时排水，降低田间湿度。④及时防治葱蓟马、种蝇等害虫，减少虫伤口。⑤ 发病初期药剂防治。药剂可选用3%中生菌素可湿性粉剂600 ～ 800倍液，或20%噻菌铜悬浮剂（龙克均、嘉田）400 ～ 500倍液，或20%噻唑锌悬浮剂300 ～ 500倍液，兑水喷雾，视病情隔5 ～ 7天喷1次，连续防治2 ～ 3次。

三、果树重要细菌病害

>> 柑橘黄龙病 <<

柑橘黄龙病又名黄梢病，是我国重大检疫性病害，也是柑橘生产上危害最严重、防治最艰难、危险性最大的一种传染性病害。黄龙病严重影响产量和品质，甚至造成柑橘树枯死。柑、橘、橙、柠檬和柚类均可感病，尤其以温州蜜柑、椪柑、蕉柑、福橘等品种发病重。该病全年均可发生，以夏、秋梢发病最多，春梢发病次之，8—9月发病最严重。该病通过嫁接传播，田间可通过柑橘木虱自然传播。

症状与识别：植株染病，在叶脉、叶片基部或边缘开始局部叶肉褪绿，叶片出现不规则斑驳状黄化斑块，边界不清晰。也有的在嫩叶期不转绿，均匀黄化，叶片硬化，失去光泽。黄化多出现在树冠外围、向阳处和顶部，常在整片橘园中出现个别或部分植株树冠上少数枝条的新梢叶片黄化，出现"黄梢"，农民称"鸡头黄"。还有的叶脉呈绿色，叶肉黄化，呈细网状。病树落叶，树冠稀疏，经1～2年后全株发病，枝条由顶端向下枯死，最后全株死亡。发病果实变小，畸形，如变长或果形歪斜，形成青果、红鼻果。青果主要表现为成熟期果实不转色，呈青软果，大而软，或呈青僵果，小而硬，柚类、柠檬类、橙类均有此症状；红鼻果主要表现为成熟期果实转色异常，着色不均，果蒂附近提早变橙红色，而果顶部位转色慢而保持青绿色，形成"红鼻果"，柑橘类、橙类均有此症状。发病初期病树的黄梢和叶片斑驳是柑橘黄龙病的典型症状，而"红鼻果"则是后期典型症状。

柑橘黄龙病局部叶肉褪绿，叶片不规则斑驳状黄化斑块

柑橘黄龙病褪绿斑块与病果

柑橘黄龙病叶片均匀黄化

柑橘黄龙病病叶

柑橘黄龙病叶片上斑驳状黄化斑块

柑橘黄龙病黄梢与病果

柑橘黄龙病树冠黄梢

柑橘黄龙病病果

柑橘黄龙病病果果面着色不均

柑橘黄龙病红鼻子果

柑橘黄龙病前期病果着色不均

柑橘黄龙病病果（右）与正常果（左）对比

柑橘黄龙病病果（右）与正常果（左）剖面对比

防治方法：①严格实行检疫。禁止病区的接穗和苗木流入新区和无病区。②建立无病苗圃，培育无病苗。苗圃应设在无病区或距离柑橘园3千米以上，最好有天然条件（如山区、林区）阻隔。或用塑料网棚封闭式育苗。在建圃之前，还应铲除附近零星的柑橘类植物或九里香等柑橘木虱的寄主。③加强柑橘木虱的监测与防治，切断传播途径是预防黄龙病流行的重要措施。冬季清园是一年中防治柑橘木虱的关键；此外在各次新梢抽发期及时喷药。药剂可用25%噻虫嗪水分散粒剂5 000～10 000倍液，或30%螺虫·噻虫嗪悬浮剂3 000～4 000倍液，或22.4%螺虫乙酯悬浮剂4 000～5 000倍液，或17%氟吡呋喃酮可溶液剂3 000～4 000倍液，或26%联苯·螺虫酯悬浮剂5 000倍液，或20%阿维·螺虫酯悬浮剂3 500～4 500倍液。④及时挖除病株，抓住10—12月红鼻果明显时期，开展普查，及时挖除有红鼻果症状的橘树，发现一株挖除一株，不留残桩。

>> 柑橘溃疡病 <<

柑橘溃疡病为害柑橘叶片、枝梢、果实及萼片，以苗木、幼树受害严重。在浙江橘区春梢发病高峰在5月中旬，夏梢发病高峰在6月中旬，秋梢发病高峰在9月下旬至10月初，尤以夏梢最严重。

症状与识别：叶片上先出现针头大小的浓黄色油渍状圆斑，接着叶片正、反面隆起，呈海绵状，随后病部中央破裂，木栓化，呈灰白色火山口状。病斑多为近圆形，常有轮纹或螺纹，周围有一暗褐色油渍状外圈和黄色晕环。果实和枝梢上的病斑与叶片上的相似，但病斑的木栓化程度更为严重，火山口状开裂更为显著，枝梢受害以夏梢最严重，严重时引起叶片脱落，枝梢枯死。

柑橘溃疡病和柑橘疮痂病都是柑橘的重要病害，两种病害不仅常见，还会同时发生，而且它们之间在发病条件、危害部位和发病症状上都有很多相似之处，由于柑橘溃疡病和柑橘疮痂病分别属于细菌和真菌病害，药剂选择有较大区别，因此病害诊断尤为重要。为方便识别，列表如下。

柑橘溃疡病与柑橘疮痂病的区别

	柑橘溃疡病	柑橘疮痂病
果实初期症状	初期病斑油胞状突起，半透明，稍带浓黄色，顶端略皱缩	初期病斑油胞状突起，半透明，清彻，顶端无皱缩
果实切片检查	中果皮细胞膨大，外果皮破裂，病部与健全组织之间一般无离层，病组织内可发现细菌，病健分界处一般有深褐色狭细的釉光边缘	中果皮细胞增生，外果皮不破裂，病部与健全组织之间有明显离层，病组织中可发现菌丝体，有时能检查到分生孢子梗和分生孢子，病健分界处没有深褐色狭细的釉光边缘
叶片症状	病斑呈现于叶的两面，病斑较圆，中央稍凹陷，边缘显著隆起，外围有黄色晕环，病叶外形一般正常	病斑仅出现于叶的一面，一面凹陷，另一面凸起，病斑较不规则，外围无黄色晕环，病叶常呈畸形

柑橘溃疡病叶片症状

柑橘溃疡病叶片症状

柑橘溃疡病叶正面火山口状病斑

柑橘溃疡病叶背面症状

柑橘溃疡病叶片上隆起的木栓化
灰褐色病斑

柑橘溃疡病叶片后期病斑

柑橘溃疡病病斑对光半透明

柑橘溃疡病嫩枝症状

柑橘溃疡病膨大期果实症状

柑橘溃疡病脐橙严重发病状

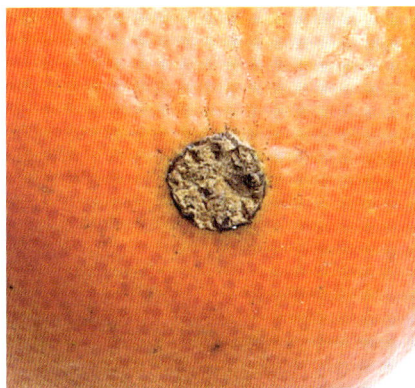

柑橘溃疡病病果表面的火山口状斑

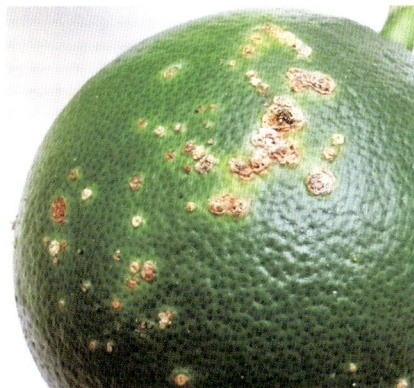

柑橘溃疡病病果表面病斑

柑橘溃疡病当年枝上的溃疡斑　　　柑橘溃疡病老枝上的溃疡斑（后期）

防治方法： ①严格进行植物检疫，防止病害传播蔓延。②建立无病苗圃，培育无病苗木。③减少果实和叶片损伤，及时防治潜叶蛾等害虫，减少虫伤口。④喷药保护嫩梢及幼果。重点保护夏、秋梢抽发期和幼果期。苗木和幼龄树以保梢为主，在春、夏、秋梢萌发后20～30天，新梢长到3～5厘米时开始用药防治。结果树以保果为主，在谢花后10天、30天、50天各喷药1次。台风过后应立即进行防治。药剂可用20%噻菌铜悬浮剂（龙克均、嘉田）500倍液，或20%春雷霉素·噻菌铜悬浮剂（龙速达、施必盈）1 000～1 200倍液，或45%春雷·喹啉铜悬浮剂1 200～1 600倍液。⑤冬季做好清园工作，剪除病虫枝叶，收集落叶、枯枝、落果，集中销毁，减少病源。

>> 梨火疫病 <<

梨火疫病是目前梨树上的毁灭性病害，是我国最主要的植物检疫对象之一。除侵染梨以外，病原菌还能为害苹果和其他多种蔷薇科植物，被列入《中华人民共和国进境植物检疫性有害生物名录》。

症状与识别： 花器被害后呈萎蔫状，深褐色，并向下蔓延至花柄，使花柄呈水渍状。叶片发病，先从叶缘开始变黑色，然后沿叶脉发展，最终全叶变黑、萎凋。病果初生水渍状斑，后变暗褐色，并有

梨火疫病造成枯枝

梨火疫病病叶变黑

梨火疫病幼果症状

梨火疫病叶片症状

梨火疫病叶柄症状

梨火疫病菌脓

梨火疫病造成植株凋萎

黄色黏液溢出，最后病果变黑而干缩。枝干被害，初呈水渍状，有明显的边缘，后病部凹陷呈现溃疡状，呈褐色至黑色。

　　防治方法：①严格检疫是目前最根本也是最有效的防治方法。②冬季剪除病梢，刮除枝干上的病皮，销毁或深埋。花期发现病花立即剪除。③及时防治传病昆虫。④及时施用杀菌剂，特别注意风雨后要及时喷药，因为风雨后形成大量的伤口有利于病菌的侵染。发病前可喷洒1：2：200波尔多液，或53.8%氢氧化铜干悬浮剂500～800倍液。从发病初期起即可喷洒20%噻菌铜悬浮剂（龙克均、嘉田）300～500

倍液，或40%春雷·噻唑锌悬浮剂800 ～ 1 000倍液。每隔10 ～ 15天喷1次药，连喷3 ～ 4次。

>> 桃细菌性穿孔病 <<

桃细菌性穿孔病是桃树的主要病害，近几年发病日益严重，常引起大量早期落叶和枝梢枯死，影响果实正常生长，致使花芽分化、发育不良，引起落花落果和品质变劣。

症状与识别： 主要为害叶片，也可为害果实和枝梢。叶片发病初期为淡褐色水渍状小点，后扩大成紫褐色至黑褐色的圆形或不规则形病斑，大小为1 ～ 5毫米，四周有浅黄绿色晕圈。以后病斑干枯，病、健组织交界处发生一圈裂纹，脱落后形成穿孔，或一部分与叶片相连。枝条发病，春季溃疡斑发生在上年夏季抽生而受感染的枝条上，春季展叶时，出现暗褐色小疱斑，以后病斑主要呈纵向扩展，春末开花前后病斑表皮龟裂，溢出菌脓。严重时枝条干枯。夏季溃疡斑发生于夏末(8月)，在当年抽生的新梢上形成紫黑色圆形至椭圆形的水渍状凹陷病斑。夏季溃疡斑不易扩展，会很快干枯，传病力不强。果实发病形成暗紫色圆形病斑，边缘水渍状，大气潮湿时，病斑上出现黄白色黏质物，干燥时常发生裂纹。

桃细菌性穿孔病叶片症状

桃细菌性穿孔病前期叶片

桃细菌性穿孔病后期叶片　　　　　桃细菌性穿孔病后期叶片病斑相连

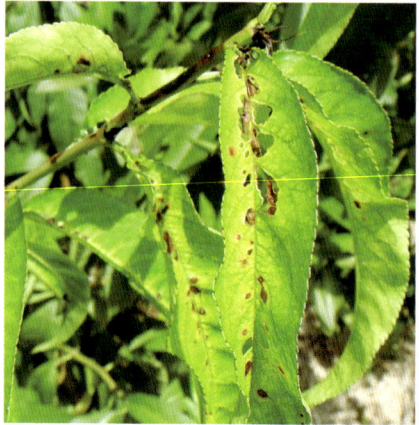

　　防治方法：①避免与李、杏、樱桃等核果类果树混栽。②结合冬季修剪，清除枯枝、落叶、落果等，集中销毁。③合理修剪，保持果园通风透光良好。注意开沟排水，降低果园湿度。增施有机肥，避免偏施氮肥。④药剂防治。在树体发芽前喷布45%石硫合剂晶体30倍液，或20%噻菌铜悬浮剂（龙克均、嘉田）300～500倍液，或1∶1∶100倍量式波尔多液清园；新梢展叶期喷施20%噻菌铜悬浮剂（龙克均、嘉田）300～500倍液，或20%春雷霉素·噻菌铜悬浮剂（龙速达、施必盈）1 000～1 200倍液，每7～10天1次，共2～3次。

>> 猕猴桃溃疡病 <<

　　猕猴桃溃疡病是一种严重威胁猕猴桃生产的毁灭性病害，为全国森林植物检疫病害。此病来势凶猛，流行年份致使全园濒于毁灭，造成重大经济损失。该病不仅降低产量，而且导致猕猴桃果皮变厚，果味变酸，果实变小，果形不一，品质下降，严重影响商品价值。除猕猴桃外，病菌还为害扁桃、杏、欧洲甜樱桃、李、桃、梅等果树。

　　症状与识别：主干和枝条发病，病部皮层呈水渍状软腐，潮湿时病部产生白色黏质菌脓，与作物伤流混合后呈黄褐色或锈红色。病菌能侵染至木质部造成局部溃疡腐烂，影响养分的输送和吸收，造成树势衰弱，严重时可环绕茎干引起树体死亡。叶片发病，在新生叶片上叶脉间呈现褪绿小点，水渍状，后发展成不规则形或多角形、暗黑色或褐色斑点，病斑周围有较宽的黄色晕圈。在连续低温阴雨的条件下，因病斑扩展很快，有时不产生黄色晕圈。受害嫩枝上的叶片卷曲成杯状，后嫩枝枯萎。花蕾受害后不能张开，变褐枯死后脱落。受害轻的花蕾虽能开放，但速度较慢或不能完全开放，这样的花可能脱落也可能坐果，但形成的果实较小，易脱落或成为畸形果。

防治方法：①严格检疫。加强苗木检查，严禁从病区调运苗木、接穗和插条，防止远距离传播。②因地制宜选育引进抗病品种。③以有机肥为主，平衡施肥，施足基肥，特别是采果后施好追肥，叶面喷施新高脂膜增强肥料利用率，培育健壮树势，提高树体抗病力。④适时修剪和绑束枝蔓。结合修剪除去病虫枝、病叶、徒长枝、下垂枝等，带出园外集中销毁。春季溃疡病盛发期定时寻查，一旦发现感病较重病株及时清除销毁，控制病菌扩散。⑤根据树势确定适度负载量，做好疏蕾、疏花和疏果工作，保持健壮树势，提高树体抵抗溃疡病的能力。⑥药剂防治。收果后或入冬前，结合果园修剪，普遍喷施1～2次3～5波美度石硫合剂或1：1：100波尔多液；立春后至萌芽前可喷施20%噻菌铜悬浮剂（龙克均、嘉田）500～600倍液，或50%

猕猴桃溃疡病叶片前期病斑

猕猴桃溃疡病叶片后期病斑

狝猴桃溃疡病叶片卷起、枯萎嫩梢

狝猴桃溃疡病病部分泌物

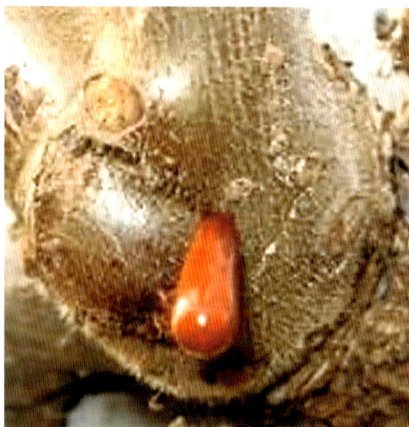

狝猴桃溃疡病新鲜的红色至橘黄色分泌物

狝猴桃溃疡病病枝

琥胶肥酸铜（DT）可湿性粉剂500倍液；萌芽后至谢花期可喷47%春雷·氧氯铜可湿性粉剂500～800倍液等，间隔10天喷1次。⑦发现病害及时刮干涂药和喷雾。涂干药剂可用5%菌毒清水剂50倍液，每7天一次，涂抹4～5次。喷雾可用20%噻菌铜悬浮剂（龙克均、嘉田）500～600倍液，或53.8%氢氧化铜干悬浮剂1 000倍液，喷树冠枝叶至湿透，盛发期共防治2～3次。

>> 果树根癌病 <<

　　根癌病又称根头癌肿病，是多种果树的根部病害，以苗木受害为主。病菌腐生能力强，寄主范围广，能侵染近60科数百种植物。除为害桃、梨、苹果外，还能为害李、梅、杏、樱桃、葡萄、柑橘、柿、板栗、胡桃等。排水不良的黏土发病较多，根部伤口多则发病重。地下害虫为害使根部受伤有利于病菌侵入，增加发病。

　　症状与识别：主要发生在果树根颈部，也发生于侧根和支根及地上部。果树受害后形成肿瘤，初期出现近圆形的小瘤状物，以后逐渐增大、变硬、表面粗糙、龟裂，颜色由浅变为深褐色或黑褐色，瘤内部木质化。瘤的形状、大小、质地取决于寄主。一般木本寄主的瘤大

梨根癌病地上部分生长不良

梨根癌病的球状根瘤

而硬，木质化；草本寄主的瘤小而软，肉质。瘤的形状不一致，通常为球形或扁球形，也可互相愈合成不定形。瘤的数目少的1～2个，多的达10个以上。大小不等，小的如豆粒，大的如胡桃、拳头，最大的直径可达几十厘米。在苗木上，症状绝大多数发生于接穗与砧木的愈合部分。初发生为乳白色或略带红色，光滑，柔软。后逐渐变为褐色至深褐色，表面粗糙或凹凸不平，呈坚硬的木质化，筛管堵塞，影响养分和水分的运输和吸收。患病苗木根系发育不良，细根特少。地上部分的发育显著受到阻碍，结果缓慢，植株矮小。严重的叶片发黄早落，植株枯死。

梨根癌病根部的肿瘤

李根癌病的瘤状物

柿根癌病的瘤状物

梨根癌病地上部分生长不良

　　防治方法：①选用无病健壮苗木，对出圃的苗木进行根部检查，严格剔除病苗。②加强检疫，严禁病苗出圃。③嫁接苗木最好采用芽接法，以避免伤口接触土壤，减少感病机会。嫁接用的刀、剪等工具，每次使用前后须用75%酒精或0.4%高锰酸钾溶液消毒，避免人为传病。苗木嫁接口以下部位用1%硫酸铜溶液消毒5分钟，再在2%石灰水中浸1分钟。④在定植后的果树上发现病瘤时，先用快刀彻底切除病瘤，然后用硫酸铜100倍液或5波美度石硫合剂消毒切口，再外涂波尔多浆保护，切下的病瘤应随即销毁。病株周围的土壤可用抗菌剂402 2 000倍液灌注消毒。⑤田间作业尽量避免造成根部伤口，及时防治地下害虫，以减轻发病。⑥对已发病的幼树和大树，切除根瘤并销毁，再涂5波美度石硫合剂、1%硫酸铜溶液或抗菌剂402 50倍液，病株周围的土壤要用抗菌剂402 2 000倍液进行灌注消毒。

四、烟草细菌病害

>> 烟草野火病 <<

烟草野火病在主要烟草产区普遍发生，严重影响烟叶质量，为烟草主要病害之一。

症状与识别：主要为害烟草叶片，也能侵害花、蒴果和种子。叶片受害初为水渍状圆形褪色的小斑点，后斑点扩大，中心变成褐色，周围有一圈很宽的黄绿色晕环，幼苗期或气候潮湿时最为明显，直径可达1～2厘米。病斑合并后呈不规则的大斑，上有轮纹。天气潮湿时病部表面有薄层状溢脓，干燥后病斑褐色部分枯焦破碎，穿孔脱落。在多雨潮湿、幼苗密集的情况下，病害蔓延迅速，往往引起幼苗成片腐烂，倒伏死亡，如被野火焚烧状。茎、蒴果、萼片发病后，上面生有不规则形的小斑，初呈水渍状，以后变褐枯死。茎上病斑略下陷，黄色晕圈不如叶上显著。

烟草野火病大田发病状

烟草野火病前期水渍状圆形病斑

烟草野火病中期病斑

烟草野火病后期病斑连成块状

烟草野火病后期病斑

烟草野火病发病植株

烟草野火病病斑褐色部分枯焦破碎

烟草野火病致使叶片枯黄

烟草野火病叶片严重发病状

烟草野火病与烟草赤星病常混合发生，症状容易混淆，其不同点是：赤星病病斑上的轮纹是规则的，以病斑最初的侵染点为圆心，形成同心轮纹，就像松树横断面的年轮一样。而野火病病斑上的轮纹是杂乱、不规则的，往往是弯弯曲曲的多角形。

烟草野火病和烟草角斑病在我国各烟草产区都有发生，两者在病原特性、侵染规律和防治方法等方面也很相似。烟草野火病菌能产生一种称为野火毒素的特殊氨基酸，可使其病斑周围产生一种很宽的黄色晕环；烟草角斑病菌则不产生毒素，其引起的角状病斑周围不产生黄色晕环或黄色晕环不明显。

防治方法：①选用抗耐病品种。②苗床及种子消毒。③合理轮作。与禾本科作物及甘薯轮作3年以上或水旱轮作，不与茄科、豆科、十字花科作物轮作。④加强田间管理。多雨地区提倡高起垄、高培土技术，以利排水。雨季做到烟田不积水，防止串灌和雨水串流，以减少病菌在田间扩散传播。发病田块的烟草收获后要深耕翻土；对带病烟秸应在翌春前处理完毕。烟田施肥时，要施用腐熟的农家肥，防止带菌的粪肥施入大田。田间的病株残体要集中销毁，防止随意丢弃。⑤药剂防治。早期点片发生时，应及时摘除病叶，并喷施20%噻菌铜悬浮剂

（龙克均、嘉田）600倍液，或1∶1∶160的波尔多液防治。团棵期、旺长期和烟株封顶后，可用57.6%氢氧化铜水分散粒剂1 000 ～ 1 400倍液、77%硫酸铜钙可湿性粉剂400 ～ 600倍液，7 ～ 10天喷施1次，连续2 ～ 3次，防治效果较好。

>> 烟草青枯病 <<

烟草青枯病是热带、亚热带地区烟草的主要病害之一，目前在我国长江流域及以南烟区普遍发生，个别年份常常暴发流行，造成毁灭性损失。

症状与识别：初发病时，病株多向一侧枯萎，拔出后可见发病的一侧支根变黑腐烂，未显症的一侧根系大部分正常。有的先在叶片支脉间局部叶肉上产生病变，茎上出现长形黑色条斑，有的条斑扩展到病株顶部或枯萎的叶柄上。发病中期全部叶片萎蔫，条斑表皮变黑腐

烟草青枯病失水萎蔫

烟草青枯病茎上出现长形黑色条斑

烟草青枯病大田发病状

烟草青枯病大田严重发病状

烂，根部也变黑腐烂，横剖病茎用力挤压切口，会从导管溢出黄白色菌脓，病株茎和叶脉导管变黑。后病菌侵入髓部，茎髓部呈蜂窝状或全部腐烂形成空腔，仅留木质部。

　　防治方法：①在有条件的烟区，与禾本科作物轮作。②培育无病苗。③早播早栽，避开雨季发病高峰。移栽时烟苗要带水、带肥、带药，高起垄深栽。④提倡施用酵素菌沤制的堆肥。⑤加强田间管理。采用高畦栽培，雨后及时排水，防止湿气滞留。注意田园卫生。在有条件的地方，最好选择沙壤土且排灌方便的田块栽烟。在地势较低、湿度大的地区要起高垄。发现病株及时拔除后用生石灰消毒病穴。⑥药剂防治。参考烟草野火病。

附录　几种杀细菌剂介绍

1.20%噻菌铜悬浮剂（龙克均、嘉田）

噻菌铜属噻唑类有机铜杀菌剂，为低毒农药。20%悬浮剂大鼠经口急性$LD_{50}>5\,050$毫克/千克，对大鼠经皮急性$LD_{50}>2\,150$毫克/千克。对蚕的24小时、48小时及三龄期的半数致死浓度$LC_{50}>750$毫克/升。对鸟类安全，鹌鹑经口急性毒性$LD_{50}>2\,000$毫克/千克。对蜜蜂低毒，饲喂毒性$LC_{50}>2\,000$毫克/升，触杀毒性$LC_{50}>3\,250$毫克/升。对鱼类低毒，斑马鱼LC_{50}（96小时）>138.31毫克/升，对人、畜、有益生物均安全，制剂对皮肤、眼均属轻度刺激。

噻菌铜以水作载体，不含甲苯、二甲苯等有机溶剂，悬浮率高，无粉尘，对环境友好。内吸传导性能好，具有良好的治疗和保护作用。亲和性好，能够与绝大多数农药混配。同时具有广谱、高效、低毒、安全、不易产生抗性、无公害的特点，广泛用于对铜敏感的作物的病害防治，除防病治病外，还能补充铜元素，具有壮根促长作用。

噻菌铜对作物细菌性病害具有特效，且对半知菌引起的真菌性病害高效。可广泛用于20余种作物60多种细菌和真菌性病害的防治。如水稻细菌性条斑病、水稻白叶枯病、柑橘溃疡病、柑橘疮痂病、黄瓜细菌性角斑病、白菜软腐病、西瓜枯萎病、烟草野火病、烟草青枯病、兰花软腐病、棉花苗期立枯病和番茄细菌性叶斑病、桃细菌性穿孔病、芋软腐病、梨火疫病、猕猴桃溃疡病和马铃薯黑胫病等。20%噻菌铜悬浮剂在通常用量下，安全间隔期水稻为15天，黄瓜为3天，番茄为5天，柑橘、西瓜、大白菜、马铃薯、桃树、猕猴桃、芋为14天，烟草为21天，梨为120天，药效持效期7～10天。

使用技术：一般作物的叶部病害（柑橘溃疡病、烟草野火病、烟草青枯病等），可用20%噻菌铜悬浮剂500～700倍液细喷雾，叶片正反面喷湿，以不滴水为宜。水稻每亩可用20%噻菌铜悬浮剂100～125克。根部病害和土传病害以20%噻菌铜悬浮剂600～800倍液喷淋、灌根或浇在植株基部。应以预防为主，在初发病期防治，药效更佳。若发病较重，可每隔7～10天防治1次，连续防治2～3次。对于种子带菌作物，可用20%噻菌铜悬浮剂300倍液浸种2～3小时后晾干播种。对于苗期移栽作物，可在移栽之前用20%噻菌铜悬浮剂500倍液泼浇处理。移栽定植时可用20%噻菌铜悬浮剂500倍液蘸根处理。

注意事项：①使用之前先摇匀。使用时，要用二次稀释法，即先用少量水将悬浮剂搅拌成浓液，然后加水再稀释。②对铜敏感的作物应在植保技术人员的指导下使用或先试后用。③本剂在酸性条件下稳定，可与各种杀虫剂、杀螨剂、杀菌剂混用，但不能与强碱性农药混用。两药混用时，必须先将一种药加水稀释后，再加另一种药混和。

2.2%春雷霉素可溶液剂

春雷霉素属农用抗生素类低毒杀菌剂，有较强的内吸渗透性，同时具有预防和治疗作用，对人、畜毒性低，对蜜蜂有毒，对鱼类毒性高。可以用来防治细菌及部分真菌引起的多种病害，对稻瘟病、黄瓜枯萎病、烟草野火病具有良好的防治效果。目前在我国已经登记在水稻、烟草、马铃薯、西瓜、黄瓜、番茄、辣椒、桃树、葡萄、柑橘、荔枝、白菜等20个作物和场所，除了防治稻瘟病以外，在其他作物上更多的是用于防治细菌性病害，如番茄溃疡病、黄瓜细菌性角斑病、辣椒细菌性疮痂病、桃细菌性穿孔病等。防治稻瘟病可用2%春雷霉素可溶液剂100～140毫升/亩喷雾，防治水稻细菌性病害可用2%春雷霉素可溶液剂500倍液喷雾；防治白菜软腐病可用2%春雷霉素可溶液剂100～150克/亩、大白菜黑腐病可用75～100克/亩、兑水45～60千克喷雾；防治黄瓜细菌性角斑病可用2%春雷霉素可溶液剂 157.5 ～ 175 毫升/亩喷雾；防治猕猴桃溃疡病可用 2%春雷霉素可溶液剂 300 ～ 400 倍液喷雾；防治烟草野火病可用 2%春雷霉素可溶液剂 125 ～ 166.7 克/亩喷雾。间隔 7 ～ 10 天喷施 1 次，视病情可连续喷施 2 ～ 3 次。

注意事项：安全间隔期番茄、黄瓜为 4 天，水稻为 21 天，大白菜、火龙果为 14 天，芒果为 10 天，以上作物每季最多使用均为 3 次。猕猴桃上每季最多使用 2 次。烟草上安全间隔期为 14 天，每季最多使用 4 次。春雷霉素不能与石硫合剂、波尔多液、碱式硫酸铜等碱性农药混用。药液随配随用，喷药 3 小时内若遇雨应再补喷。大豆、豌豆、茄子、莲藕、杉树（特别是苗）等部分作物对春雷霉素比较敏感，在使用时一定要远离这些作物，避免产生药害。花期使用对蜜蜂有不良影响，施药期间应避免对周围蜂群的影响，开花植物花期禁用。不可污染水井、池塘等水源，远离水产养殖区使用，禁止在河塘等水体中清洗施药器具。应注意单一药剂多次重复使用，会导致抗药性。

3.20%春雷霉素·噻菌铜悬浮剂（龙速达、施必盈）

龙速达是由噻菌铜和春雷霉素复配而成的，噻唑基团、铜离子和春雷霉素，多重机理，多位点杀菌，病害不容易产生抗药性，二者混配杀菌活性更高，内吸性能更好，双向传导性强，持效期更长，具有保护和治疗作用。微毒，对人和动物安全，对环境友好，对蜂、鸟、鱼、蚕安全，按照登记剂量使用时，对农作物不容易产生药害。对作物细菌病害防效显著，对真菌病害也高效，对于田间混发的病害，有较好的综合防治效果。使用方便，可以灌根、沟穴冲施、移栽蘸根、苗期泼浇、叶面喷雾或植保无人机飞防。按照登记剂量使用时，对防治黄瓜细菌性角斑病效果显著，对作物安全，对环境友好，可以防治多种作物的细菌病害及真菌病害。

黄瓜上使用的安全间隔期为 3 天，每季最多使用 2 次。于黄瓜细菌性角斑病发病前或发病初期施药，用药时注意喷雾均匀。每亩用龙速达 45 ～ 75 毫升，兑水量 40 ～ 60 千克，每次用药间隔 7 ～ 10 天。大风天或预计1小时内下雨请勿施药。对大豆、杉苗和莲藕较敏感，施药时避免药液飘移到上述作物。

　　注意事项参考噻菌铜和春雷霉素。应以预防为主，瓜类蔬菜病害苗期的预防很关键，苗期用药可以预防作物后期的根部病害、土传病害和部分叶部病害；果树类在新梢期用药极为关键，最好能全株喷雾，以叶片不滴水为宜。